消防技术服务作业规程

林海云　柳志强　蒋南方　主编

哈尔滨出版社
HARBIN PUBLISHING HOUSE

图书在版编目(CIP)数据

消防技术服务作业规程 / 林海云,柳志强,蒋南方
主编 . — 哈尔滨:哈尔滨出版社,2023.6
ISBN 978-7-5484-7304-6

Ⅰ. ①消… Ⅱ. ①林…②柳…③蒋… Ⅲ. ①消防—
技术操作规程 Ⅳ. ①TU998.1-65

中国国家版本馆 CIP 数据核字(2023)第 116812 号

书　　　名:消防技术服务作业规程

XIAOFANG JISHU FUWU ZUOYE GUICHENG

作　　　者:林海云　柳志强　蒋南方　主编
责任编辑:李金秋
装帧设计:钟晓图

出版发行:哈尔滨出版社(Harbin Publishing House)

社　　　址:哈尔滨市香坊区泰山路 82-9 号　　邮编:150090

经　　　销:全国新华书店

印　　　刷:三河市嵩川印刷有限公司

网　　　址:www. hrbcbs. com

E - mail: hrbcbs@ yeah. net

编辑版权热线:(0451)87900271　87900272

销售热线:(0451)87900202　87900203

开　　　本:710 mm×1000 mm　　1/16　印张:10.25　字数:111 千字
版　　　次:2023 年 6 月第 1 版
印　　　次:2024 年 1 月第 1 次印刷
书　　　号:ISBN 978-7-5484-7304-6
定　　　价:68.00 元

目 录

LSJC−SSXZ−2018

建筑消防设施检测

作业指导书

检测细则

（第 3 版）

2018 年 5 月 28 日发布   2018 年 5 月 28 日实施

建筑消防设施检测作业指导书检测细则

文件编号：LSJC-SSXZ-2018

建筑消防设施检测作业指导书检测细则	文件编号：LSJC-SSXZ-2018
修订页	第 3 版
	发布日期：2018.5.28

修订序号	修订页号	修订内容	修订人	批准人	批准日期
1	/	《建筑设计防火规范》GB 50016—2014 局部条文修订版（即 2018 年版）于 2018 年 10 月 1 日起实施，作业指导书中的标准年号修改为：GB 50016—2014（2018 年版）			
2	/	第 15 章"消防应急照明和疏散指示标志技术检测规程"中，"老年人建筑"改为"老年照料设施；新增"人员密集场所、老年人照料设施、病房楼或手术部内的楼梯间、前室或合用前室、避难走道的地面最低水平照度应不小于 10.0 lx"			

修订序号	修订页号	修订内容	修订人	批准人	批准日期
3	/	第19章"防火分隔设施技术检测规程"中的"老年人建筑""老人活动场所"改为"老年照料设施"			

建筑消防设施检测作业指导书检测细则

文件编号：LSJC-SSXZ-00-2018

建筑消防设施检测作业指导书检测细则	文件编号：LSJC-SSXZ-00-2018
目录	第 3 版
	发布日期：2018.5.28

建筑消防设施检测作业指导书检测细则

文件编号：LSJC-SSXZ-01-2018

建筑消防设施检测作业指导书检测细则	文件编号：LSJC-SSXZ-01-2018
消防供配电设施技术检测规程	第3版
	发布日期：2018.5.28

1 范围

本规程规定了消防供配电设施的技术要求、单项判定和检测规则。

本规程适用于工业与民用建筑中设置的消防供配电设施的检测评定；不适用于生产和贮存火药、炸药、弹药、火工品等易燃易爆场所的检测评定。

2 引用标准

下列标准所包含的条文，通过在本标准中引用而构成本标准的条文。所有标准都会被修订，使用本标准的各方应探讨使用下列标准最新版本的可行性。

GB 50016—2014（2018年版）《建筑设计防火规范》

GB 50116—2013《火灾自动报警系统设计规范》

GB 50166—2007《火灾自动报警系统施工及验收规范》

GA 503—2004《建筑消防设施检测技术规程》

DB 33/1067—2013《建筑工程消防验收规范》

3　检测类别

3.1　监督检测

应公安消防机构的要求对消防供配电设施进行的检测。

3.2　委托检测

受消防供配电设施的业主单位、施工单位、使用单位等委托而进行的检测。

3.3　仲裁检测

为仲裁机构解决消防供配电设施争议而进行的检测。

4. 消防配电

4.1　技术要求

（1）消防用电设备应采用专用的供电回路，当建筑内的生产、生活用电被切断时，应仍能保证消防用电。

（2）消防控制室、消防水泵房、防烟与排烟风机房的消防用电设备及消防电梯等的供电，应在其配电线路的最末一级配电箱处设置自动切换装置。

（3）消防配电设备、线路应设置明显标志，其配电线路宜按防火分区划分。

（4）消防配电线路明敷时（包括敷设在吊顶内），应穿金属导管或采用封闭式金属槽盒保护，金属导管或封闭式金属槽盒应采取防火保护措施；当采用阻燃或耐火电缆并敷设在电缆井、沟内时，可不穿金属导管或采用封闭式金属槽盒保护；当采用矿物绝缘类不燃性电缆时，可直接明敷。暗敷时，应穿管并应敷设在不燃性结构内。

（5）火灾自动报警系统应设置交流电源和蓄电池备用电源，交流电源应采用消防电源。

（6）备用电源可采用火灾报警控制器和消防联动控制器自带的蓄电池电源或消防设备应急电源。

（7）当备用电源采用消防设备应急电源时，火灾报警控制器和消防联动控制器应采用单独的供电回路，并应保证在系统处于最大负载状态下不影响火灾报警控制器和消防联动控制器的正常工作。

（8）火灾自动报警系统主电源不应设置剩余电流动作保护和过负荷保护装置。

（9）报警控制器的主电源应有明显的永久性标志，应直接与消防电源连接，严禁使用插头，控制器与其外接备用电源之间应直接连接。

（10）消防设备应急电源的控制功能和转换功能应符合设计及规范要求。

4.2　单项判定

直观检测判定：

（1）消防用电设备采用专用的供电回路，当建筑内的生产、生活用电被切断时仍能保证消防用电则合格，反之不合格。

（2）消防控制室、消防水泵房、防烟与排烟风机房的消防用电设备及消防电梯等的供电，在其配电线路的最末一级配电箱处设置自动切换装置则合格，反之不合格。

（3）消防配电设备、线路设置明显标志，其配电线路宜按防火分区划分则合格，反之不合格。

（4）消防配电线路明敷时（包括敷设在吊顶内），穿金属导管或采用封闭式金属槽盒保护，金属导管或封闭式金属槽盒采取防火保护措施；当采用阻燃或耐火电缆并敷设在电缆井、沟内时，可不穿金属导管或采用封闭式金属槽盒保护；当采用矿物绝缘类不燃性电缆时，可直接明敷。暗敷时，穿管并敷设在不燃性结构内则合格，反之不合格。

（5）火灾自动报警系统设置交流电源和蓄电池备用电源，交流电源采用消防电源则合格，反之不合格。

（6）备用电源可采用火灾报警控制器和消防联动控制器自带的蓄电池电源或消防设备应急电源则合格，反之不合格。

（7）当备用电源采用消防设备应急电源时，火灾报警控制器和消防联动控制器采用单独的供电回路，并保证在系统处于最大负载状态下不影响火灾报警控制器和消防联动控制器的正常工作则合格，反之不合格。

（8）火灾自动报警系统主电源未设置剩余电流动作保护和过负荷保护装置则合格，反之不合格。

（9）报警控制器的主电源有明显的永久性标志，直接与消防电源连接，严禁使用插头，控制器与其外接备用电源之间直接连接则合格，反之不合格。

（10）消防设备应急电源的控制功能和转换功能符合设计及规范要

求则合格，反之不合格。

5　自备发电机组

5.1　技术要求

（1）一、二级负荷供电的建筑，当采用自备发电设备作为备用电源时，自备发电设备应设置自动和手动启动装置，当采用自动启动方式时，应能保证在 30 s 内供电。

（2）发电机仪表、指示灯及开关按钮等应完好，显示应正常。

（3）机房通风设施运行正常。

（4）储油箱内的油量应能满足发电机运行 3~8 h 的用量，油位显示应正常，燃油标号应正确。

5.2　单项判定

5.2.1　直观检测判定

（1）发电机仪表、指示灯及开关按钮等完好，显示正常则合格，反之不合格。

（2）机房通风设施运行正常则合格，反之不合格。

5.2.2　仪器检测判定

仪器：电子秒表。

（1）一、二级负荷供电的建筑，当采用自备发电设备作为备用电源时，自备发电设备设置自动和手动启动装置，当采用自动启动方式时，能保证在 30 s 内供电则合格，反之不合格。

（4）储油箱内的油量能满足发电机运行 3~8 h 的用量，油位显示正常，燃油标号正确则合格，反之不合格。

6   检测规则

6.1   检测条件

（1）委托方的消防供配电设施完全竣工。

（2）委托方提供的消防供配电设施的图纸、资料和其他相关文件齐全。

（3）消防供配电设施应具备开通条件。

6.2   抽样

6.2.1   抽样方法

按楼层及消防设备之间抽样，保证重要设备之间及相当比例的设施被抽检到。

6.2.2   抽样比例

（1）消防控制室、消防水泵房全数检查。

（2）防烟与排烟风机房按总数不少于30%抽查，且不得少于3个，少于3个的全数检查。

（3）配电线路的敷设，明敷按楼层（防火分区）的20%抽查，且不得少于5层（个），总数少于5层（个）的全数检查，抽查楼层的检查点不少于3处。

（4）消防配电设备、线路应有明显标志，按楼层（防火分区）的20%抽查，且不得少于5层（个），总数少于5层（个）的全数检查，抽查楼层的检查点不少于3处。或者全数检查。

6.3　判定

6.3.1　单项判定

当检测项目（一般项目）的任一小项不合格时则判定该小项不合格。

6.3.2　系统判定

（1）当检测项目（主控项目）的任一小项不合格时则判定该系统不合格；当检测项目（主控项目）全部合格时则判定该系统合格。

（2）当检测项目（一般项目）大于 20% 不合格时则判定该系统不合格；当检测项目（一般项目）80% 合格时则判定该系统合格。

注：消防设施安装高度及距离偏差参照 DB 33/1067—2013《建筑工程消防验收规范》。

建筑消防设施检测作业指导书检测细则
文件编号：LSJC-SSXZ-02-2018

建筑消防设施检测作业指导书检测细则	文件编号：LSJC-SSXZ-02-2018
火灾自动报警及联动控制系统技术检测规程	第3版
	发布日期：2018.5.28

1　范围

本规程规定了火灾自动报警及联动控制系统的技术要求、单项判定和检测规则。

本规程适用于工业与民用建筑中设置的火灾自动报警及联动控制系统的检测评定；不适用于生产和贮存火药、炸药、弹药、火工品等易燃易爆场所的检测评定。

2　引用标准

下列标准所包含的条文，通过在本标准中引用而构成本标准的条文。所有标准都会被修订，使用本标准的各方应探讨使用下列标准最新版本的可行性。

GB 50016—2014（2018年版）《建筑设计防火规范》

GB 50116—2013《火灾自动报警系统设计规范》

GB 50166—2019《火灾自动报警系统施工及验收标准》

GA503—2004《建筑消防设施检测技术规程》

GB 25506—2010《消防控制室通用技术要求》

GB 16806—2006《消防联动控制系统》

3　检测类别

3.1　监督检测

应公安消防机构的要求对火灾自动报警及联动控制系统进行的检测。

3.2　委托检测

受火灾自动报警及联动控制系统的业主单位、施工单位、使用单位等委托而进行的检测。

3.3　仲裁检测

为仲裁机构解决火灾自动报警及联动控制系统争议而进行的检测。

4　火灾探测器

4.1　技术要求

（1）点型探测器在探测区域内每间至少应设置1只，保护面积与半径符合设计及规范要求。

（2）点型探测器在宽度小于 3 m 内走道顶棚上设置时，宜居中布置，间距应不大于 15 m（烟）/10 m（温），距端墙应不大于 7.5 m（烟）/5.0 m（温）。

（3）点型探测器距墙壁、梁边的水平距离不应小于 0.5 m。

（4）点型探测器距空调送风口的水平距离不应小于 1.5 m。

（5）点型探测器距多孔送风顶棚孔口的水平距离不应小于 0.5 m。

（6）点型探测器的确认灯应面向便于人员查看的主要入口方向。

（7）点型探测器当设置在格栅吊顶上方且火警确认灯无法观察时，应在吊顶下方设置火警确认灯。

（8）点型探测器当梁突出顶棚的高度超过 600 mm 时，被梁隔断的每个梁间区域应至少设置 1 只探测器；当梁突出顶棚的高度为 200~600 mm 时，探测器的设置应符合 GB 50116—2013《火灾自动报警系统设计规范》附录 F、G 的要求。

（9）房间被书架、设备或隔断等分隔，其顶部至顶棚或梁的距离小于房间净高的 5%时，每个被隔开的部分应至少安装 1 只点型探测器。

（10）线型光束感烟火灾探测器的光束轴线至顶棚垂直距离宜为 0.3~1.0 m，距地高度不宜超过 20 m。

（11）线型光束感烟火灾探测器相邻两组探测器的水平距离不应大于 14 m，到侧墙水平距离应为 0.5~7 m。

（12）线型光束感烟火灾探测器的发射器和接收器之间的距离不宜超过 100 m。

（13）设置在顶棚下方的线型感温火灾探测器距顶棚宜为 0.1 m。

（14）线型感温火灾探测器的保护半径应符合点型感温火灾探测器的保护半径要求，至墙壁的距离宜为 1~1.5 m。

（15）线型感温火灾探测器在保护电缆、堆垛等类似保护对象时，应采用接触式布置。

（16）线型感温火灾探测器在各种皮带输送装置上设置时，宜设置在装置的过热点附近。

（17）光栅光纤感温火灾探测器每个光栅的保护面积和保护半径，应符合点型感温火灾探测器的保护面积和保护半径要求。

（18）感烟火灾探测器设置在隔栅吊顶场所，镂空面积与总面积的比例不大于15%时，探测器应设置在吊顶下方；镂空面积与总面积的比例大于30%时，探测器应设置在吊顶上方；镂空面积与总面积的比例为15%~30%时，探测器的设置部位应根据设计要求确定。地铁站台等有活塞风影响的场所，镂空面积与总面积的比例为30%~70%时，探测器宜同时设置在吊顶上方和下方。

4.2　单项判定

4.2.1　直观检测判定

（1）点型探测器的确认灯面向便于人员查看的主要入口方向则合格，反之不合格。

（2）点型探测器当设置在格栅吊顶上方且火警确认灯无法观察时，在吊顶下方设置火警确认灯则合格，反之不合格。

（3）线型感温火灾探测器在保护电缆、堆垛等类似保护对象时，采用接触式布置则合格，反之不合格。

4.2.2　仪器检测判定

仪器：钢卷尺、电子秒表、数字式激光测距仪。

（1）点型探测器在探测区域内每间至少设置1只，保护面积与半径符合设计及规范要求则合格，反之不合格。

（2）点型探测器在宽度小于 3 m 内走道顶棚上设置时，宜居中布置，间距不大于 15 m（烟）／10 m（温），距端墙不大于 7.5 m（烟）／5.0 m（温）则合格，反之不合格。

（3）点型探测器距墙壁、梁边的水平距离不小于 0.5 m 则合格，反之不合格。

（4）点型探测器距空调送风口的水平距离不小于 1.5 m 则合格，反之不合格。

（5）点型探测器当梁突出顶棚的高度超过 600 mm 时，被梁隔断的每个梁间区域至少设置 1 只探测器；当梁突出顶棚的高度为 200~600 mm 时，探测器的设置符合 GB 50116—2013《火灾自动报警设计规范》附录 F、G 的要求则合格，反之不合格。

（6）房间被书架、设备或隔断等分隔，其顶部至顶棚或梁的距离小于房间净高的 5% 时，每个被隔开的部分至少安装 1 只点型探测器则合格，反之不合格。

（7）线型光束感烟火灾探测器的光束轴线至顶棚垂直距离宜为 0.3~1.0 m，距地高度不宜超过 20 m 则合格，反之不合格。

（8）线型光束感烟火灾探测器相邻两组探测器的水平距离不大于 14 m，到侧墙水平距离为 0.5~7 m 则合格，反之不合格。

（9）线型光束感烟火灾探测器的发射器和接收器之间的距离不宜超过 100 m 则合格，反之不合格。

（10）设置在顶棚下方的线型感温火灾探测器距顶棚宜为 0.1 m 则合格，反之不合格。

（11）线型感温火灾探测器的保护半径符合点型感温火灾探测器的

保护半径要求，至墙壁的距离宜为1~1.5 m则合格，反之不合格。

（12）光栅光纤感温火灾探测器每个光栅的保护面积和保护半径，符合点型感温火灾探测器的保护面积和保护半径要求则合格，反之不合格。

（13）点型感温火灾探测器设置在隔栅吊顶场所，镂空面积与总面积的比例不大于15%时，探测器设置在吊顶下方；镂空面积与总面积的比例大于30%时，探测器设置在吊顶上方；镂空面积与总面积的比例为15%~30%时，探测器的设置部位根据设计要求确定。地铁站台等有活塞风影响的场所，镂空面积与总面积的比例为30%~70%时，探测器宜同时设置在吊顶上方和下方则合格，反之不合格。

5　火灾探测器的功能

5.1　技术要求

（1）点型感温火灾探测器在试验烟气作用下，输出火警信号，启动报警确认灯，并应在手动复位前予以保持。

（2）线型光束感烟探测器当对射光束的减光值达到1.0dB~10 dB时，应在30 s内输出火警信号，并启动报警确认灯。

（3）线型感温火灾探测器在试验热源作用下，应输出火警信号。

（4）点型感温火灾探测器在试验热源作用下，输出火警信号，启动报警确认灯，并应在手动复位前予以保持。

（5）点型火焰探测器应在试验光源作用下，在规定的响应时间内动作，并向火灾报警控制器输出火警信号；具有报警确认灯的探测器应同时启动报警确认灯，并应在手动复位前予以保持。

（6）通过管路采样的吸气式火灾探测器在试验烟气作用下，应在120 s 内输出火警信号。

5.2　单项判定

仪器检测判定：

仪器：感烟探测器功能试验器、感温探测器功能试验器、线型光束感烟探测器滤光片、火焰探测功能试验器、电子秒表。

（1）点型感烟火灾探测器在试验烟气作用下，输出火警信号，启动报警确认灯，并在手动复位前予以保持则合格，反之不合格。

（2）线型光束感烟探测器当对射光束的减光值达到 1.0dB ~ 10 dB 时，在 30 s 内输出火警信号，并启动报警确认灯则合格，反之不合格。

（3）线型感温火灾探测器在试验热源作用下，输出火警信号则合格，反之不合格。

（4）点型感烟火灾探测器在试验热源作用下，输出火警信号，启动报警确认灯，并在手动复位前予以保持则合格，反之不合格。

（5）点型火焰探测器在试验光源作用下，在规定的响应时间内动作，并向火灾报警控制器输出火警信号；具有报警确认灯的探测器同时启动报警确认灯，并在手动复位前予以保持则合格，反之不合格。

（6）通过管路采样的吸气式火灾探测器在试验烟气作用下，在 120 s 内输出火警信号则合格，反之不合格。

6　可燃气体探测报警系统

6.1　技术要求

（1）可燃气体探测报警系统应独立组成，可燃气体探测器不应接入火灾报警控制器的探测器回路；当可燃气体的报警信号需要接入火灾自动报警系统时，应由可燃气体报警控制器接入。

（2）当有消防控制室时，可燃气体报警控制器可设置在保护区域附近；当无消防控制室时，可燃气体报警控制器应设置在有人值班的场所。

（3）可燃气体报警控制器的报警信息和故障信息，应在消防控制室图形显示装置或集中火灾报警控制器上显示；但该类信息与火灾报警信息的显示应有区别。

（4）可燃气体报警控制器发出报警信号时，应能启动保护区域的火灾声光警报器。

（5）可燃气体探测报警系统保护区域内有联动和警报要求时，应由可燃气体报警控制器或消防联动控制器联动实现。

（6）可燃气体探测器的设置部位应符合设计及规范要求。

（7）对探测器施加达到响应浓度值的可燃气体标准样气，探测器应在 30 s 内响应。撤去可燃气体，探测器应在 60 s 内恢复到正常监视状态。

6.2　单项判定

6.2.1　直观检测判定

（1）可燃气体探测报警系统独立组成，可燃气体探测器不接入火灾报警控制器的探测器回路；当可燃气体的报警信号需要接入火灾自动报警系统时，由可燃气体报警控制器接入则合格，反之不合格。

（2）当有消防控制室时，可燃气体报警控制器可设置在保护区域附近；当无消防控制室时，可燃气体报警控制器设置在有人值班的场所则合格，反之不合格。

（3）可燃气体报警控制器的报警信息和故障信息，在消防控制室图形显示装置或集中火灾报警控制器上显示；但该类信息与火灾报警信息的显示有区别则合格，反之不合格。

（4）可燃气体报警控制器发出报警信号时，能启动保护区域的火灾声光警报器则合格，反之不合格。

（5）可燃气体探测报警系统保护区域内有联动和警报要求时，由可燃气体报警控制器或消防联动控制器联动实现则合格，反之不合格。

（6）可燃气体探测器的设置部位符合设计及规范要求则合格，反之不合格。

6.2.2 仪器检测判定

仪器：电子秒表、便携式气体检测报警仪。

（1）对探测器施加达到响应浓度值的可燃气体标准样气，探测器在 30 s 内响应。撤去可燃气体，探测器在 60 s 内恢复到正常监视状态则合格，反之不合格。

7 住宅建筑火灾自动报警系统

7.1 技术要求

（1）家用火灾报警控制器应独立设置在每户内，且应设置在明显和便于操作的部位，当采用壁挂方式安装时，其底边距地高度宜为 1.3～1.5 m；具有可视对讲功能的家用火灾报警控制器宜设置在进户门附近。

（2）每间卧室、起居室内应至少设置 1 只感烟火灾探测器。

（3）可燃气体探测器在厨房设置时，其选型和设置应符合设计及规范要求，宜具有联动关断燃气关断阀功能。

7.2　单项判定

7.2.1　直观检测判定

（1）家用火灾报警控制器独立设置在每户内，且设置在明显和便于操作的部位，具有可视对讲功能的家用火灾报警控制器设置在进户门附近则合格，反之不合格。

（2）每间卧室、起居室内至少设置 1 只感烟火灾探测器则合格，反之不合格。

（3）可燃气体探测器在厨房设置时，其选型和设置符合设计及规范要求，具有联动关断燃气关断阀功能则合格，反之不合格。

7.2.2　仪器检测判定

仪器：钢卷尺、数字激光测距仪。

家用火灾报警控制器采用壁挂方式安装时，其底边距地高度为1.3～1.5 m 则合格，反之不合格。

8　电气火灾监控系统

8.1　技术要求

（1）非独立式电气火灾监控探测器不应接入火灾报警控制器的探测

器回路。

（2）在无消防控制室且电气火灾监控探测器设置数量不超过 8 个时，可采用独立式电气火灾监控探测器。

（3）设有火灾自动报警系统时，独立式电气火灾监控探测器的报警信息和故障信息应在消防控制室图形显示装置或集中火灾报警控制器上显示；但该类信息与火灾报警信息的显示应有区别。

（4）未设火灾自动报警系统时，独立式电气火灾监控探测器应将报警信号传至有人值班的场所。

（5）剩余电流式电气火灾监控探测器应以设置在低压配电系统首端为基本原则，宜设置在第一级配电柜（箱）的出线端；探测器报警值宜为 300~500 mA。

（6）测温式电气火灾监控探测器应设置在电缆接头、端子、重点发热部件等部位。

（7）保护对象为 1 000 V 及以下的配电线路，测温式电气火灾监控探测器应采用接触式布置。

（8）保护对象为 1 000 V 以上的供电线路，测温式电气火灾监控探测器宜选择光栅光纤测温式或红外测温式电气火灾监控探测器，光栅光纤测温式电气火灾监控探测器应直接设置在保护对象的表面。

（9）当线型感温火灾探测器用于电气火灾监控时，可接入电气火灾监控器。

（10）设有消防控制室时，电气火灾监控器应设置在消防控制室内或保护区域附近；设置在保护区域附近时，应将报警信息和故障信息传入消防控制室；未设消防控制室时，应设置在有人值班的场所。

（11）在设置消防控制室的场所，电气火灾监控器的报警信息和故障信息应在消防控制室图形显示装置或集中火灾报警控制器上显示；但该类信息与火灾报警信息的显示应有区别。

8.2　单项判定

8.2.1　直观检测判定

（1）非独立式电气火灾监控探测器不接入火灾报警控制器的探测器回路则合格，反之不合格。

（2）在无消防控制室且电气火灾监控探测器设置数量不超过8个时，采用独立式电气火灾监控探测器则合格，反之不合格。

（3）设有火灾自动报警系统时，独立式电气火灾监控探测器的报警信息和故障信息在消防控制室图形显示装置或集中火灾报警控制器上显示；但该类信息与火灾报警信息的显示有区别则合格，反之不合格。

（4）未设火灾自动报警系统时，独立式电气火灾监控探测器将报警信号传至有人值班的场所则合格，反之不合格。

（5）测温式电气火灾监控探测器设置在电缆接头、端子、重点发热部件等部位则合格，反之不合格。

（6）保护对象为1 000 V及以下的配电线路，测温式电气火灾监控探测器采用接触式布置则合格，反之不合格。

（7）保护对象为1 000 V以上的供电线路，测温式电气火灾监控探测器宜选择光栅光纤测温式或红外测温式电气火灾监控探测器，光栅光纤测温式电气火灾监控探测器直接设置在保护对象的表面则合格，反之不合格。

（8）当线型感温火灾探测器用于电气火灾监控时，可接入电气火灾监控器则合格，反之不合格。

（9）设有消防控制室时，电气火灾监控器设置在消防控制室内或保护区域附近；设置在保护区域附近时，将报警信息和故障信息传入消防控制室；未设消防控制室时，设置在有人值班的场所则合格，反之不合格。

（10）在设置消防控制室的场所，电气火灾监控器的报警信息和故障信息在消防控制室图形显示装置或集中火灾报警控制器上显示；但该类信息与火灾报警信息的显示有区别则合格，反之不合格。

8.2.2　仪器检测判定

仪器：标准型数字万用表。

剩余电流式电气火灾监控探测器应以设置在低压配电系统首端为基本原则，宜设置在第一级配电柜（箱）的出线端；探测器报警值宜为 $300 \sim 500$ mA。

9　手动报警按钮

9.1　技术要求

（1）每个防火分区应至少设置 1 个，应设在明显和便于操作的部位；从一个防火分区内的任何位置到最邻近的手动火灾报警按钮的步行距离不应大于 30 m。

（2）宜设置在疏散通道或出入口处。

（3）采用壁挂式安装时，其底边距地宜 $1.3 \sim 1.5$ m，有明显标志。

应安装牢固，不应倾斜。

（4）被触发时应输出火警信号，启动报警确认灯；应能手动复位。

9.2 单项判定

9.2.1 直观检测判定

（1）每个防火分区应至少设置 1 个，设在明显和便于操作的部位则合格，反之不合格。

（2）设置在疏散通道或出入口处则合格，反之不合格。

（3）有明显标志；安装牢固，不倾斜则合格，反之不合格。

（4）被触发时输出火警信号，启动报警确认灯；能手动复位则合格，反之不合格。

9.2.2 仪器检测判定

仪器：钢卷尺、数字激光测距仪。

（1）手动报警按钮从一个防火分区内的任何位置到最邻近的手动火灾报警按钮的步行距离不大于 30 m 则合格，反之不合格。

（2）采用壁挂式安装时，其底边距地 1.3～1.5 m 则合格，反之不合格。

10 模块的设置

10.1 技术要求

（1）每个报警区域内的模块宜相对集中设置在本报警区域内的金属模块箱中。

（2）模块未设置在配电（控制）柜（箱）内。

（3）未集中设置的模块附近应有尺寸不小于 10 cm×10 cm 的标识。

10.2.1　直观检测判定

（1）每个报警区域内的模块相对集中设置在本报警区域内的金属模块箱中则合格，反之不合格。

（2）模块未设置在配电（控制）柜（箱）内则合格，反之不合格。

10.2.2　仪器检测判定

仪器：游标卡尺、钢卷尺。

未集中设置的模块附近有尺寸不小于 10 cm×10 cm 的标识则合格，反之不合格。

11　消防控制室

11.1　技术要求

（1）疏散门应直通室外或安全出口。

（2）附设在建筑物内时宜设在首层或地下一层，宜布置在靠外墙部分。

（3）火灾自动报警系统接地装置的接地电阻值应符合下列规定：①采用共用接地装置时，接地电阻值不应大于 1 Ω；②采用专用接地装置时，接地电阻值不应大于 4 Ω。

（4）室内严禁与其无关的电气线路及管路穿过。

（5）消防控制室送、回风管的穿墙处应设防火阀。

（6）消防控制室应有相应的竣工图纸、各分系统控制逻辑关系说明、设备使用说明书、系统操作规程、应急预案、值班制度、维护保养制度及值班记录等文件资料。

11.2　单项判定

11.2.1　直观检测判定

（1）疏散门直通室外或安全出口则合格，反之不合格。

（2）附设在建筑物内时设在首层或地下一层，布置在靠外墙部分则合格，反之不合格。

（3）室内没有与其无关的电气线路及管路穿过则合格，反之不合格。

（4）消防控制室送、回风管的穿墙处设防火阀则合格，反之不合格。

（5）消防控制室有相应的竣工图纸、各分系统控制逻辑关系说明、设备使用说明书、系统操作规程、应急预案、值班制度、维护保养制度及值班记录等文件资料则合格，反之不合格。

11.2.2　仪器检测判定

仪器：接地电阻测试仪。

火灾自动报警系统接地装置的接地电阻值应符合下列规定：

（1）采用共用接地装置时，接地电阻值不大于 $1\,\Omega$ 则合格，反之不合格。

（2）采用专用接地装置时，接地电阻值不大于 $4\,\Omega$ 则合格，反之不合格。

12 报警控制器设置

12.1 技术要求

（1）火灾报警控制器和消防联动控制器，应设置在消防控制室内或有人值班的房间和场所。

（2）集中报警系统和控制中心报警系统中的区域火灾报警控制器在满足下列条件时，可设置在无人值班的场所：①本区域内无需要手动控制的消防联动设备；②本火灾报警控制器的所有信息在集中火灾报警控制器上均有显示，且能接收集中火灾报警控制器的联动控制信号，并自动启动相应的消防设备；③设置的场所只有值班人员可以进入。

（3）设备安装应牢固，操作维修距离符合规范要求：①面盘前操作距离：单列时不应小于1.5 m，双列时不应小于2 m；设备面盘后的维修距离不宜小于1 m；②在值班人员经常工作的一面，设备面盘至墙的距离不应小于3 m；③设备面盘的排列长度大于4 m时，其两端应设置宽度不小于1 m的通道；④墙上安装时其靠近门轴的侧面距墙不应小于0.5 m，正面操作距离不应小于1.2 m。

（4）配线应规范、线号清晰。

12.2 单项判定

12.2.1 直观检测判定

（1）火灾报警控制器和消防联动控制器，设置在消防控制室内或有人值班的房间和场所则合格，反之不合格。

（2）集中报警系统和控制中心报警系统中的区域火灾报警控制器在

满足下列条件时，可设置在无人值班的场所：①本区域内无需要手动控制的消防联动设备则合格，反之不合格；②本火灾报警控制器的所有信息在集中火灾报警控制器上均有显示，且能接收集中火灾报警控制器的联动控制信号，并自动启动相应的消防设备则合格，反之不合格；③设置的场所只有值班人员可以进入则合格，反之不合格。

（3）配线规范、线号清晰则合格，反之不合格。

12.2.2　仪器检测判定

仪器：钢卷尺。

设备安装应牢固，操作维修距离符合规范要求。

（1）面盘前操作距离：单列时不小于 1.5 m，双列时不小于 2 m；设备面盘后的维修距离不小于 1 m 则合格，反之不合格。

（2）在值班人员经常工作的一面，设备面盘至墙的距离不小于 3 m 则合格，反之不合格。

（3）设备面盘的排列长度大于 4 m 时，其两端设置宽度不小于 1 m 的通道则合格，反之不合格。

（4）墙上安装时其靠近门轴的侧面距墙不小于 0.5 m，正面操作距离不小于 1.2 m 则合格，反之不合格。

13　报警控制器功能

13.1　技术要求

（1）应有自检、消音、复位、故障报警、火警优先及报警记忆功能。

（2）应有主备电源自动切换，并应分别显示主备电源的状态。

（3）备用直流电源供电时应有断路故障报警、火灾优先、二次报警功能。

13.2 单项判定

直观检测判定。

（1）有自检、消音、复位、故障报警、火警优先及报警记忆功能则合格，反之不合格。

（2）有主备电源自动切换，并分别显示主备电源的状态则合格，反之不合格。

（3）备用直流电源供电时有断路故障报警、火灾优先、二次报警功能则合格，反之不合格。

14 火灾显示盘

14.1 技术要求

（1）应设置在出入口等明显和便于操作的部位。当采用壁挂式时，其底边距地高度宜为 1.3~1.5 m。

（2）应能接收火灾报警信号，显示火灾报警和故障报警部位。

（3）应有消音、复位功能，应在 3 s 内正确接收和显示火灾报警控制器发出的火灾信号。

14.2 单项判定

14.2.1 直观检测判定

（1）能接收火灾报警信号，显示火灾报警和故障报警部位则合格，反之不合格。

（2）设置在出入口等明显和便于操作的部位则合格，反之不合格。

（3）有消音、复位功能则合格，反之不合格。

14.2.2　仪器检测判定

仪器：感烟探测器功能试验器、感温探测器功能试验器、线型光束感烟探测器滤光片、电子秒表、钢卷尺、火焰探测功能试验器。

（1）当采用壁挂式时，其底边距地高度为 1.3～1.5 m 则合格，反之不合格。

（2）在 3 s 内正确接收和显示火灾报警控制器发出的火灾信号则合格，反之不合格。

15　对消火栓系统的控制功能

15.1　技术要求

（1）联动控制方式，应将消火栓系统出水干管上设置的低压压力开关、高位消防水箱出水管上设置的流量开关或报警阀压力开关等信号作为触发信号，直接控制启动消火栓泵，联动控制不应受消防联动控制器处于自动或手动状态影响；当设置消火栓按钮时，消火栓按钮的动作信号应作为报警信号及启动消火栓泵的联动触发信号，由消防联动控制器联动控制消火栓泵的启动。

（2）手动控制方式，消防联动控制器的手动控制盘应直接手动控制消火栓泵的启动、停止。

（3）消火栓泵的动作信号应反馈至消防联动控制器。

15.2　单相判定

直观检测判定：

（1）联动控制方式，将消火栓系统出水干管上设置的低压压力开关、高位消防水箱出水管上设置的流量开关或报警阀压力开关等信号作为触发信号，直接控制启动消火栓泵，联动控制不受消防联动控制器处于自动或手动状态影响；当设置消火栓按钮时，消火栓按钮的动作信号作为报警信号及启动消火栓泵的联动触发信号，由消防联动控制器联动控制消火栓泵的启动则合格，反之不合格。

（2）手动控制方式，消防联动控制器的手动控制盘直接手动控制消火栓泵的启动、停止则合格，反之不合格。

（3）消火栓泵的动作信号反馈至消防联动控制器则合格，反之不合格。

16　对湿式自动喷水灭火系统的控制功能

16.1　技术要求

（1）联动控制方式，应将湿式报警阀压力开关的动作信号作为触发信号，直接控制启动喷淋消防泵，联动控制不应受消防联动控制器处于自动或手动状态影响。

（2）手动控制方式，应将喷淋消防泵控制箱（柜）的启动、停止按钮用专用线路直接连接至设置在消防控制室内的消防联动控制器的手动控制盘，直接手动控制喷淋消防泵的启动、停止。

（3）水流指示器、信号阀、压力开关、喷淋消防泵的启动和停止的动作信号应反馈至消防联动控制器。

16.2　单项判定

直观检测判定：

（1）联动控制方式，将湿式报警阀压力开关的动作信号作为触发信号，直接控制启动喷淋消防泵，联动控制不受消防联动控制器处于自动或手动状态影响则合格，反之不合格。

（2）手动控制方式，将喷淋消防泵控制箱（柜）的启动、停止按钮用专用线路直接连接至设置在消防控制室内的消防联动控制器的手动控制盘，直接手动控制喷淋消防泵的启动、停止则合格，反之不合格。

（3）水流指示器、信号阀、压力开关、喷淋消防泵的启动和停止的动作信号反馈至消防联动控制器则合格，反之不合格。

17　对预作用系统的控制功能

17.1　技术要求

（1）联动控制方式，应由同一报警区域内2只及以上独立的感烟火灾探测器或1只感烟火灾探测器与1只手动火灾报警按钮的报警信号，作为预作用阀组开启的联动触发信号。由消防联动控制器控制预作用阀组的开启，使系统转变为湿式系统，并按湿式系统的联动控制要求执行；当系统设有快速排气装置时，应联动控制排气阀前的电动阀的开启。

（2）手动控制方式，应将喷淋消防泵控制箱（柜）的启动和停止按钮、预作用阀组和快速排气阀入口前的电动阀的启动和停止按钮，用专用线路直接连接至设置在消防控制室内的消防联动控制器的手动控制盘，直接手动控制喷淋消防泵的启动、停止及预作用阀组和电动阀的开启。

（3）水流指示器、信号阀、压力开关、喷淋消防泵的启动和停止的动作信号，有压气体管道气压状态信号和快速排气阀入口前电动阀的动作信号应反馈至消防联动控制器。

17.2 单项判定

17.2.1 直观检测判定

（1）手动控制方式，将喷淋消防泵控制箱（柜）的启动和停止按钮、预作用阀组和快速排气阀入口前的电动阀的启动和停止按钮，用专用线路直接连接至设置在消防控制室内的消防联动控制器的手动控制盘，直接手动控制喷淋消防泵的启动、停止及预作用阀组和电动阀的开启则合格，反之不合格。

（2）水流指示器、信号阀、压力开关、喷淋消防泵的启动和停止的动作信号，有压气体管道气压状态信号和快速排气阀入口前电动阀的动作信号反馈至消防联动控制器则合格，反之不合格。

17.2.2 仪器检测判定

仪器：感烟探测器功能试验器。

联动控制方式，应由同1报警区域内2只及以上独立的感烟火灾探测器或1只感烟火灾探测器与1只手动火灾报警按钮的报警信号，作为预作用阀组开启的联动触发信号。由消防联动控制器控制预作用阀组的开启，使系统转变为湿式系统，并按湿式系统的联动控制要求执行；当系统设有快速排气装置时，应联动控制排气阀前的电动阀的开启。

18　对雨淋系统的控制功能

18.1　技术要求

（1）联动控制方式，应由同一报警区域内2只及以上独立的感温火灾探测器或1只感温火灾探测器与1只手动火灾报警按钮的报警信号，作为雨淋阀组开启的联动触发信号，应由消防联动控制器控制雨淋阀组的开启。

（2）手动控制方式，应将雨淋消防泵控制箱（柜）的启动和停止按钮、雨淋阀组的启动和停止按钮，用专用线路直接连接至设置在消防控制室内的消防联动控制器的手动控制盘，直接手动控制雨淋消防泵的启动、停止及雨淋阀组的开启。

（3）水流指示器，压力开关，雨淋阀组、雨淋消防泵的启动和停止的动作信号应反馈至消防联动控制器。

18.2　单项判定

18.2.1　直观检测判定

（1）手动控制方式，将雨淋消防泵控制箱（柜）的启动和停止按钮、雨淋阀组的启动和停止按钮，用专用线路直接连接至设置在消防控制室内的消防联动控制器的手动控制盘，直接手动控制雨淋消防泵的启动、停止及雨淋阀组的开启则合格，反之不合格。

（2）水流指示器，压力开关，雨淋阀组、雨淋消防泵的启动和停止的动作信号反馈至消防联动控制器则合格，反之不合格。

18.2.2　仪器检测判定

仪器：感烟探测器功能试验器。

联动控制方式，由同一报警区域内 2 只及以上独立的感温火灾探测器或 1 只感温火灾探测器与 1 只手动火灾报警按钮的报警信号，作为雨淋阀组开启的联动触发信号，由消防联动控制器控制雨淋阀组的开启则合格，反之不合格。

19.1　对自动控制水幕系统的控制功能

19.1　技术要求

（1）联动控制方式，当自动控制的水幕系统用于防火卷帘的保护时，应由防火卷帘下落到楼板面的动作信号与本报警区域内任一火灾探测器或手动火灾报警按钮的报警信号作为水幕阀组启动的联动触发信号，并应由消防联动控制器联动控制水幕系统相关控制阀组的启动；仅用水幕系统作为防火分隔时，应由该报警区域内 2 只独立的感温火灾探测器的火灾报警信号作为水幕阀组启动的联动触发信号，并应由消防联动控制器联动控制水幕系统相关控制阀组的启动。

（2）手动控制方式，应将水幕系统相关控制阀组和消防泵控制箱（柜）的启动、停止按钮用专用线路直接连接至设置在消防控制室内的消防联动控制器的手动控制盘，并应直接手动控制消防泵的启动、停止及水幕系统相关控制阀组的开启。

（3）压力开关、水幕系统相关控制阀组和消防泵的启动、停止的动作信号，应反馈至消防联动控制器。

19.2　单项判定

19.2.1　直观检测判定

（1）手动控制方式，将水幕系统相关控制阀组和消防泵控制箱（柜）的启动、停止按钮用专用线路直接连接至设置在消防控制室内的消防联动控制器的手动控制盘，并直接手动控制消防泵的启动、停止及水幕系统相关控制阀组的开启则合格，反之不合格。

（2）压力开关、水幕系统相关控制阀组和消防泵的启动、停止的动作信号，反馈至消防联动控制器则合格，反之不合格。

19.2.2　仪器检测判定

仪器：感烟探测器功能试验器、感温探测器功能试验器。

联动控制方式：当自动控制的水幕系统用于防火卷帘的保护时，由防火卷帘下落到楼板面的动作信号与本报警区域内任一火灾探测器或手动火灾报警按钮的报警信号作为水幕阀组启动的联动触发信号，并由消防联动控制器联动控制水幕系统相关控制阀组的启动；仅用水幕系统作为防火分隔时，由该报警区域内2只独立的感温火灾探测器的火灾报警信号作为水幕阀组启动的联动触发信号，并由消防联动控制器联动控制水幕系统相关控制阀组的启动则合格，反之不合格。

20　对气体灭火、泡沫灭火系统的控制功能

20.1　技术要求

（1）在防护区域内设有手动与自动控制转换装置的系统，其手动或自动控制方式的工作状态应在防护区内、外的手动、自动控制状态显示

装置上显示，该状态信号应反馈至消防联动控制器。

（2）气体灭火控制器、泡沫灭火控制器直接连接火灾探测器时，气体灭火控制器、泡沫灭火控制器在接收到任一防护区域内设置的感烟火灾探测器、其他类型火灾探测器或手动火灾报警按钮的首次报警信号后，应启动设置在该防护区内的火灾声光警报器；在接收到同一防护区域内与首次报警的火灾探测器或手动火灾报警按钮相邻的感温火灾探测器、火焰探测器或手动火灾报警按钮的报警信号后，应发出联动控制信号。

（3）在气体灭火控制器、泡沫灭火控制器不直接连接火灾探测器时，气体灭火系统、泡沫灭火系统的联动触发信号应由火灾报警控制器或消防联动控制器发出。

（4）联动控制信号应包括下列内容：①关闭防护区域的送、排风机及送、排风阀门；②停止通风和空气调节系统及关闭设在该防护区域的电动防火阀；③联动控制防护区域开口封闭装置的启动，包括关闭防护区域的门、窗；④启动气体灭火装置，可设定不大于 30 s 的延迟喷射时间。

（5）气体灭火防护区出口外上方应设置表示气体喷洒的火灾声光警报器，指示气体释放的声信号应与该保护对象中设置的火灾声警报器的声信号有明显区别。启动气体灭火装置的同时，应启动设置在防护区入口处表示气体喷洒的火灾声光警报器；组合分配系统应首先开启相应防护区域的选择阀，然后启动气体灭火装置。

（6）在防护区疏散出口的门外应设置气体灭火装置、泡沫灭火装置的手动启动和停止按钮，手动启动按钮按下时，火灾报警控制器应按规定的联动操作；手动停止按钮按下时，气体灭火控制器、泡沫灭火控制器应停止正在执行的联动操作。

（7）气体灭火控制器、泡沫灭火控制器上应设置对应于不同防护区的手动启动和停止按钮，手动启动按钮按下时，气体灭火控制器、泡沫灭火控制器应按规定的联动操作；手动停止按钮按下时，气体灭火控制器、泡沫灭火控制器应停止正在执行的联动操作。

（8）气体灭火装置、泡沫灭火装置启动及喷放各阶段的联动控制及系统的反馈信号，应反馈至消防联动控制器。系统的联动反馈信号应包括下列内容：①气体灭火控制器、泡沫灭火控制器直接连接的火灾探测器的报警信号；②选择阀的动作信号；③压力开关的动作信号。

20.2　单项判定

20.2.1　直观检测判定

（1）在防护区域内设有手动与自动控制转换装置的系统，其手动或自动控制方式的工作状态在防护区内、外的手动、自动控制状态显示装置上显示，该状态信号反馈至消防联动控制器则合格，反之不合格。

（2）在气体灭火控制器、泡沫灭火控制器不直接连接火灾探测器时，气体灭火系统、泡沫灭火系统的联动触发信号由火灾报警控制器或消防联动控制器发出则合格，反之不合格。

（3）联动控制信号包括下列内容则合格，反之不合格：①关闭防护区域的送、排风机及送、排风阀门；②停止通风和空气调节系统及关闭设在该防护区域的电动防火阀；③联动控制防护区域开口封闭装置的启动，包括关闭防护区域的门、窗；④启动气体灭火装置、泡沫灭火装置。

（4）气体灭火防护区出口外上方设置表示气体喷洒的火灾声光警报

器，指示气体释放的声信号与该保护对象中设置的火灾声警报器的声信号有明显区别。启动气体灭火装置的同时，启动设置在防护区入口处表示气体喷洒的火灾声光警报器；组合分配系统首先开启相应防护区域的选择阀，然后启动气体灭火装置则合格，反之不合格。

（5）在防护区疏散出口的门外设置气体灭火装置、泡沫灭火装置的手动启动和停止按钮，手动启动按钮按下时，火灾报警控制器按规定的联动操作；手动停止按钮按下时，气体灭火控制器、泡沫灭火控制器停止正在执行的联动操作则合格，反之不合格。

（6）气体灭火控制器、泡沫灭火控制器上设置对应于不同防护区的手动启动和停止按钮，手动启动按钮按下时，气体灭火控制器、泡沫灭火控制器按规定的联动操作；手动停止按钮按下时，气体灭火控制器、泡沫灭火控制器停止正在执行的联动操作则合格，反之不合格。

（7）气体灭火装置、泡沫灭火装置启动及喷放各阶段的联动控制及系统的反馈信号，反馈至消防联动控制器。系统的联动反馈信号包括下列内容：①气体灭火控制器、泡沫灭火控制器直接连接的火灾探测器的报警信号则合格，反之不合格；②选择阀的动作信号则合格，反之不合格；③压力开关的动作信号则合格，反之不合格。

20.2.2 仪器检测判定

仪器：感烟探测器功能试验器、感温探测器功能试验器、火焰探测功能试验器、电子秒表。

（1）气体灭火控制器、泡沫灭火控制器直接连接火灾探测器时，气体灭火控制器、泡沫灭火控制器在接收到任一防护区域内设置的感烟火灾探测器、其他类型火灾探测器或手动火灾报警按钮的首次报警信号后，应启动设置在该防护区内的火灾声光警报器；在接收到同一防护区域内与首次报警的火灾探测器或手动火灾报警按钮相邻的感温火灾探测器、火焰探测器或手动火灾报警按钮的报警信号后，发出联动控制信号则合格，反之不合格。

（2）联动控制信号包括下列内容：可设定不大于 30 s 的延迟喷射时间则合格，反之不合格。

21　对防火门的控制功能

21.1　技术要求

（1）应由常开防火门所在防火分区内的 2 只独立的火灾探测器或 1 只火灾探测器与 1 只手动火灾报警按钮的报警信号，作为常开防火门关闭的联动触发信号，联动触发信号应由火灾报警控制器或消防联动控制器发出，并应由消防联动控制器或防火门监控器联动控制防火门关闭。

（2）疏散通道上受防火门监控器监测的各常闭防火门开启、关闭及故障状态信号应反馈至防火门监控器。

21.2　单项判定

21.2.1　直观检测判定

疏散通道上受防火门监控器监测的各常闭防火门开启、关闭及故障状态信号反馈至防火门监控器则合格，反之不合格。

21.2.2　仪器检测判定

仪器：感烟探测器功能试验器、感温探测器功能试验器、火焰探测功能试验器、线型光束感烟探测器滤光片。

由常开防火门所在防火分区内的，2 只独立的火灾探测器或 1 只火灾探测器与 1 只手动火灾报警按钮的报警信号，作为常开防火门关闭的联动触发信号，联动触发信号由火灾报警控制器或消防联动控制器发出，并由消防联动控制器或防火门监控器联动控制防火门关闭则合格，反之不合格。

22 对防火卷帘的控制功能

22.1 技术要求

（1）疏散通道上设置的防火卷帘，应由防火分区内任 2 只独立的感烟火灾探测器或任 1 只专门用于联动防火卷帘的感烟火灾探测器的报警信号应联动控制防火卷帘下降至距楼板面 1.8 m 处；任 1 只专门用于联动防火卷帘的感温火灾探测器的报警信号应联动控制防火卷帘下降到楼板面。

（2）非疏散通道上设置的防火卷帘，应将防火卷帘所在防火分区内任 2 只独立的火灾探测器的报警信号，作为防火卷帘下降的联动触发信号，由防火卷帘控制器联动控制防火卷帘直接下降到楼板面。

（3）防火卷帘应由其两侧设置的手动控制按钮控制防火卷帘的升降。

（4）非疏散通道上设置的防火卷帘，应能在消防控制室内的消防联动控制器上手动控制防火卷帘的降落。

（5）防火卷帘下降至距楼板面 1.8 m 处、下降到楼板面的动作信号和防火卷帘控制器直接连接的感烟、感温火灾探测器的报警信号，应反馈至消防联动控制器。

22.2　单项判定

22.2.1　直观检测判定

（1）防火卷帘由其两侧设置的手动控制按钮控制防火卷帘的升降则合格，反之不合格。

（2）非疏散通道上设置的防火卷帘能在消防控制室内的消防联动控制器上手动控制防火卷帘的降落则合格，反之不合格。

（3）防火卷帘下降至距楼板面1.8 m处、下降到楼板面的动作信号和防火卷帘控制器直接连接的感烟、感温火灾探测器的报警信号，反馈至消防联动控制器则合格，反之不合格。

22.2.2　仪器检测判定

仪器：感烟探测器功能试验器、感温探测器功能试验器、钢卷尺。

（1）疏散通道上设置的防火卷帘，由防火分区内任2只独立的感烟火灾探测器或任1只专门用于联动防火卷帘的感烟火灾探测器的报警信号联动控制防火卷帘下降至距楼板面1.8 m处；任1只专门用于联动防火卷帘的感温火灾探测器的报警信号联动控制防火卷帘下降到楼板面则合格，反之不合格。

（2）非疏散通道上设置的防火卷帘，将防火卷帘所在防火分区内任2只独立的火灾探测器的报警信号，作为防火卷帘下降的联动触发信号，由防火卷帘控制器联动控制防火卷帘直接下降到楼板面则合格，反之不合格。

23　对防排烟设施控制功能

23.1　技术要求

（1）防烟系统应由加压送风口所在防火分区内的 2 只独立的火灾探测器或 1 只火灾探测器与 1 只手动火灾报警按钮的报警信号，作为送风口开启和加压送风机启动的联动触发信号，并应由消防联动控制器联动控制相关层前室等需要加压送风场所的加压送风口开启和加压送风机启动。

（2）应由同一防烟分区内且位于电动挡烟垂壁附近的 2 只独立的感烟火灾探测器的报警信号，作为电动挡烟垂壁降落的联动触发信号，并应由消防联动控制器联动控制电动挡烟垂壁的降落。

（3）排烟系统应由同一防烟分区内的 2 只独立的火灾探测器的报警信号，作为排烟口、排烟窗或排烟阀开启的联动触发信号，并应由消防联动控制器联动控制排烟口、排烟窗或排烟阀的开启，同时停止该防烟分区的空气调节系统。

（4）应由排烟口、排烟窗或排烟阀开启的动作信号作为排烟风机启动的联动触发信号，并应由消防联动控制器联动控制。

（5）应能在消防控制室内的消防联动控制器上手动控制送风口、电动挡烟垂壁、排烟口、排烟窗、排烟阀的开启或关闭及防烟风机、排烟风机等设备的启动或停止。防烟、排烟风机的启动、停止按钮应采用专用线路直接连接至设置在消防控制室内的消防联动控制器的手动控制盘，并应直接手动控制防烟、排烟风机的启动、停止。

（6）送风口、排烟口、排烟窗或排烟阀开启和关闭的动作信号，防烟、排烟风机启动和停止及电动防火阀关闭的动作信号，均应反馈至消防联动控制器。

（7）排烟风机入口处的总管上设置的 280 ℃排烟防火阀，在关闭后应直接联动控制风机停止，排烟防火阀及风机的动作信号应反馈至消防联动控制器。

23.2　单项判定

23.2.1　直观检测判定

（1）由排烟口、排烟窗或排烟阀开启的动作信号作为排烟风机启动的联动触发信号，并由消防联动控制器联动控制则合格，反之不合格。

（2）能在消防控制室内的消防联动控制器上手动控制送风口、电动挡烟垂壁、排烟口、排烟窗、排烟阀的开启或关闭及防烟风机、排烟风机等设备的启动或停止。防烟、排烟风机的启动、停止按钮采用专用线路直接连接至设置在消防控制室内的消防联动控制器的手动控制盘，并直接手动控制防烟、排烟风机的启动、停止则合格，反之不合格。

（3）送风口、排烟口、排烟窗或排烟阀开启和关闭的动作信号，防烟、排烟风机启动和停止及电动防火阀关闭的动作信号，均反馈至消防联动控制器则合格，反之不合格。

（4）排烟风机入口处的总管上设置的 280 ℃排烟防火阀，在关闭后直接联动控制风机停止，排烟防火阀及风机的动作信号反馈至消防联动控制器则合格，反之不合格。

23.2.2 仪器检测判定

仪器:感烟探测器功能试验器、感温探测器功能试验器、火焰探测功能试验器、线型光束感烟探测器滤光片。

(1) 防烟系统由加压送风口所在防火分区内的 2 只独立的火灾探测器或 1 只火灾探测器与 1 只手动火灾报警按钮的报警信号,作为送风口开启和加压送风机启动的联动触发信号,并由消防联动控制器联动控制相关层前室等需要加压送风场所的加压送风口开启和加压送风机启动则合格,反之不合格。

(2) 由同一防烟分区内且位于电动挡烟垂壁附近的 2 只独立的感烟火灾探测器的报警信号,作为电动挡烟垂壁降落的联动触发信号,并由消防联动控制器联动控制电动挡烟垂壁的降落则合格,反之不合格。

(3) 排烟系统由同一防烟分区内的 2 只独立的火灾探测器的报警信号,作为排烟口、排烟窗或排烟阀开启的联动触发信号,并由消防联动控制器联动控制排烟口、排烟窗或排烟阀的开启,同时停止该防烟分区的空气调节系统则合格,反之不合格。

24 消防电源监控系统

24.1 技术要求

(1) 消防控制室内应设置消防电源监控器。

(2) 消防电源监控器应显示系统内各消防用电设备的供电电源和备用电源工作状态和欠压消防电源报警信息。

24.2　单项判定

直观检测判定：

（1）消防控制室内设置消防电源监控器则合格，反之不合格。

（2）消防电源监控器显示系统内各消防用电设备的供电电源和备用电源工作状态和欠压消防电源报警信息则合格，反之不合格。

25　消防控制室图形显示装置

25.1　技术要求

（1）消防控制室图形显示装置应设置在消防控制室内，并应符合火灾报警控制器的安装设置要求。

（2）消防控制室图形显示装置与火灾报警控制器、消防联动控制器、电气火灾监控器、可燃气体报警控制器等消防设备之间，应采用专用线路连接。

25.2　单项判定

直观检测判定：

（1）消防控制室图形显示装置设置在消防控制室内，并符合火灾报警控制器的安装设置要求则合格，反之不合格。

（2）消防控制室图形显示装置与火灾报警控制器、消防联动控制器、电气火灾监控器、可燃气体报警控制器等消防设备之间，采用专用线路连接则合格，反之不合格。

26 其他联动设备的控制功能

26.1 技术要求

（1）在确认火灾后启动建筑内的所有火灾声光警报器，消防应急广播系统应同时向全楼进行广播。

（2）当确认火灾后，由发生火灾的报警区域开始，顺序启动全楼疏散通道的消防应急照明和疏散指示系统，系统全部投入应急状态的启动时间不应大于 5 s。

（3）切断火灾区域及相关区域的非消防电源。

（4）消防联动控制器应发出联动控制信号强制所有电梯停于首层或电梯转换层；电梯运行状态信息和停于首层或转换层的反馈信号，应传送给消防控制室显示。

（5）消防联动控制器应自动打开涉及疏散的电动推杆等。

（6）消防联动控制器应打开疏散通道上由门禁系统控制的门和庭院的电动大门，并应打开停车场出入口的挡杆。

（7）消防联动控制器宜开启相关区域安全技术防范系统的摄像机监视火灾现场。

26.2 单项判定

26.2.1 直观检测判定

（1）在确认火灾后启动建筑内的所有火灾声光警报器，消防应急广播系统同时向全楼进行广播则合格，反之不合格。

（2）切断火灾区域及相关区域的非消防电源则合格，反之不合格。

（3）消防联动控制器发出联动控制信号强制所有电梯停于首层或电梯转换层；电梯运行状态信息和停于首层或转换层的反馈信号，传送给消防控制室显示则合格，反之不合格。

（4）消防联动控制器自动打开涉及疏散的电动推杆等则合格，反之不合格。

（5）消防联动控制器打开疏散通道上由门禁系统控制的门和庭院的电动大门，并打开停车场出入口的挡杆则合格，反之不合格。

（6）消防联动控制器宜开启相关区域安全技术防范系统的摄像机监视火灾现场则合格，反之不合格。

26.2.2　仪器检测判定

仪器：感烟探测器功能试验器、感温探测器功能试验器、火焰探测功能试验器、线型光束感烟探测器滤光片、电子秒表。

当确认火灾后，由发生火灾的报警区域开始，顺序启动全楼疏散通道的消防应急照明和疏散指示系统，系统全部投入应急状态的启动时间不大于 5 s 则合格，反之不合格。

27　检测规则

27.1　检测条件

（1）委托方的火灾自动报警及联动控制系统完全竣工。

（2）委托方提供的火灾自动报警及联动控制系统的图纸、资料和相关文件齐全。

（3）火灾自动报警及联动控制系统应具备开通条件。

27.2　抽样

（1）抽样方法：按楼层（防火分区）及报警回路抽样，保证相当比例的每个消防设施被抽检到。

（2）抽样比例：按楼层（防火分区）的20%抽查，且不得少于5层（个），总数少于5层（个）的全数检查，抽查楼层全数检查。歌舞娱乐放映游艺场所全数检查。消防联动控制器全数检查。火灾自动报警及联动控制系统全检。具体按《抽样方案和比例》执行。

27.3　判定

27.3.1　单项判定

当检测项目（一般项目）的任一小项不合格时则判定该小项不合格。

27.3.2　单项判定

系统判定：

（1）当检测项目（主控项目）的任一小项不合格时则判定该系统不合格；当检测项目（主控项目）全部合格时则判定该系统合格。

（2）当检测项目（一般项目）大于20%不合格时则判定该系统不合格；当检测项目（一般项目）80%合格时则判定该系统合格。

注：消防设施安装高度及距离偏差参照 DB 33/1067—2013《建筑工程消防验收规范》。

建筑消防设施检测作业指导书检测细则

文件编号：LSJC-SSXZ-03-2018

建筑消防设施检测作业指导书检测细则	文件编号：LSJC-SSXZ-03-2018
消防水源和供水设施技术检测规程	第 3 版
	发布日期：2018.5.28

1　范围

本规程规定了消防水源和供水设施的技术要求、单项判定和检测规则。

本规程适用于工业与民用建筑中设置的消防水源和供水设施的检测评定；不适用于生产和贮存火药、炸药、弹药、火工品等易燃易爆场所的检测评定。

2　引用标准

下列标准所包含的条文，通过在本标准中引用而构成本标准的条文。所有标准都会被修订，使用本标准的各方应探讨使用下列标准最新版本的可行性。

GB 50974—2014《消防给水及消火栓系统技术规范》

GB 50016—2014《建筑设计防火规范》（2018 年版）

GB 50084—2017《自动喷水灭火系统设计规范》

GA503—2004《建筑消防设施检测技术规程》

DB 33/1067—2013《建筑工程消防验收规范》

GB 50219—2014《水喷雾灭火系统设计规范》

3 检测类别

3.1 监督检测

应公安消防机构的要求对消防水源和供水设施进行的检测。

3.2 委托检测

受消防水源和供水设施的业主单位、施工单位、使用单位等委托而进行的检测。

3.3 仲裁检测

为仲裁机构解决自动喷水灭火系统争议而进行的检测。

4 消防水源

4.1 技术要求

（1）市政给水、消防水池、天然水源等可作为消防水源。

（2）当室外消防水源采用天然水源时，应采取防止冰凌、漂浮物等物质堵塞消防水泵的技术措施，并应确保安全取水的措施。

（3）消防水池的有效容积应根据计算确定，但不应小于100 m^3，当仅设有消火栓系统时不应小于50 m^3。消防水池有效容量不小于 m^3；其中消火栓用水量不小于 m³，自动喷水用水量不小于 m³，（泡沫、水喷雾等）用水量不小于 m³。

（4）临时高压消防给水系统高位消防水箱的有效容积应满足初期火灾消防用水量的要求。消防水箱有效容量不小于 m³。

（5）消防水池、水箱应设置就地水位装置，并应在消防控制室或值班室显示水位装置。

（6）高位消防水池的最低有效水位应能满足水灭火设施所需的压力和流量。

（7）消防用水与其他用水共用的水池、水箱，应采取确保消防用水量不作他用的技术措施。

（8）消防水池、消防水箱应有可靠补水措施，给水管管径满足要求。

4.2　单项判定

直观检测判定方法如下。

（1）市政给水、消防水池、天然水源等可作为消防水源则合格，反之不合格。

（2）当室外消防水源采用天然水源时，采取防止冰凌、漂浮物等物质堵塞消防水泵的技术措施，并确保安全取水的措施则合格，反之不合格。

（3）消防水池的有效容积符合要求则合格，反之不合格。

（4）临时高压消防给水系统高位消防水箱的有效容积满足初期火灾消防用水量的要求则合格，反之不合格。

（5）消防水池、水箱设置就地水位装置，并在消防控制室或值班室显示水位装置则合格，反之不合格。

（6）高位消防水池的最低有效水位能满足水灭火设施所需的压力和流量则合格，反之不合格。

（7）消防用水与其他用水共用的水池、水箱，采取确保消防用水量不作他用的技术措施则合格，反之不合格。

（8）消防水池、消防水箱有可靠补水措施，给水管管径满足要求则合格，反之不合格。

5　消防水泵

5.1　技术要求

（1）水泵的性能应满足消防给水系统所需流量和压力要求：

消火栓泵流量不小于__ 50m³/h，扬程不小于55 __ m。

喷淋流量不小于__ m³/h，扬程不小于__ m。

水喷雾泵不小于__ m³/h，扬程不小于__ m。

（2）消防水泵应设置备用泵，其性能应与工作泵性能一致。

（3）当采用柴油机消防水泵、轴流深井泵时应符合规定要求。

（4）一组消防水泵应在消防水泵房内设置流量和压力测试装置。每台消防水泵出水管上应设置DN65的试水管，并应采取排水措施。

（5）消防水泵应采用自灌式吸水。

（6）一组消防水泵的吸水管不应少于2条，并应在吸水管上设置明杆闸阀或带自锁装置的蝶阀。

（7）消防水泵吸水管布置应避免形成气囊。

（8）一组消防水泵应有不少于2条的输水干管与消防给水环状管网连接，当其中1条出水管关闭时，其余出水管应仍能通过全部用水量。

（9）消防水泵的吸水管上应设置明杆闸阀或带自锁装置的蝶阀，但当设置暗杆阀门时应设有开启刻度和标志。

（10）消防水泵的出水管上应设止回阀、明杆闸阀；当采用蝶阀时，应带有自锁装置。

（11）消防水泵吸水管和出水管上应设置压力表。压力表的直径应不小于100 mm，应采用直径不小于6 mm的管道与消防水泵进出口管相接，并应设置关断阀门。

（12）当存在超压可能时，出水管上应设置防超压设施。

5.2　单项判定

直观检测判定方法如下。

（1）水泵的性能满足消防给水系统所需流量和压力要求，消火栓泵流量、喷淋流量、水喷雾泵流量和扬程符合要求则合格，反之不合格。

（2）消防水泵设置备用泵，其性能与工作泵性能一致则合格，反之不合格。

（3）当采用柴油机消防水泵、轴流深井泵时符合规定要求则合格，反之不合格。

（4）一组消防水泵在消防水泵房内设置流量和压力测试装置。每台消防水泵出水管上设置DN65的试水管，并采取排水措施则合格，反之不合格。

（5）消防水泵采用自灌式吸水则合格，反之不合格。

（6）一组消防水泵的吸水管不少于2条，并在吸水管上设置明杆闸阀或带自锁装置的蝶阀则合格，反之不合格。

（7）消防水泵吸水管布置避免形成气囊则合格，反之不合格。

（8）一组消防水泵有不少于2条的输水干管与消防给水环状管网连接，当其中1条出水管关闭时，其余出水管仍能通过全部用水量则合格，反之不合格。

（9）消防水泵的吸水管上设置明杆闸阀或带自锁装置的蝶阀，但当设置暗杆阀门时设有开启刻度和标志则合格，反之不合格。

（10）消防水泵的出水管上设止回阀、明杆闸阀或带有自锁装置的蝶阀则合格，反之不合格。

（11）消防水泵吸水管和出水管上设置压力表则合格，反之不合格。

（12）当存在超压可能时出水管上设置防超压设施则合格，反之不合格。

6 控制与操作

6.1 技术要求

（1）消防水泵控制柜应采取防止被水淹没的措施。

（2）消防控制室或值班室的消防控制柜或控制盘应设置专用线路连接的手动直接启泵按钮。

（3）消防水泵不应设置自动停泵的控制功能。

（4）消防水泵应保证在火警后规定时间内正常工作，自动启动时应在 2 min 内正常工作。

（5）主泵不能正常运行时，应自动切换启动备用泵。

（6）消防水泵应与动力机械直接连接。

（7）消防水泵应由水泵出水干管上设置的低压压力开关、高位消防水箱出水管上的流量开关，或报警阀压力开关等信号直接自动启动消防水泵。

（8）消防水泵应能手动启停和自动启动。

（9）消防水泵、稳压泵应设置就地强制启停泵按钮，并应有保护装置。

（10）水泵控制柜应有注明所属系统及编号的标志。

（11）控制柜按钮、指示灯及仪表应正常，应能按钮启停每台水泵。

6.2　单项判定

6.2.1　直观检测判定

（1）消防水泵控制柜采取防止被水淹没的措施则合格，反之不合格。

（2）消防控制室或值班室的消防控制柜或控制盘设置专用线路连接的手动直接启泵按钮则合格，反之不合格。

（3）消防水泵不设置自动停泵的控制功能则合格，反之不合格。

（4）主泵不能正常运行时，自动切换启动备用泵则合格，反之不合格。

（5）消防水泵与动力机械直接连接则合格，反之不合格。

（6）消防水泵由水泵出水干管上设置的低压压力开关、高位消防水箱出水管上的流量开关，或报警阀压力开关等信号直接自动启动消防水泵则合格，反之不合格。

（7）消防水泵能手动启停和自动启动则合格，反之不合格。

（8）消防水泵、稳压泵设置就地强制启停泵按钮，并有保护装置则合格，反之不合格。

（9）水泵控制柜应有注明所属系统及编号的标志。

（10）控制柜按钮、指示灯及仪表正常，能按钮启停每台水泵则合格，反之不合格。

6.2.2　仪器检测判定

仪器：电子秒表。

消防水泵保证在火警后规定时间内正常工作，自动启动时在 2 min 内正常工作则合格，反之不合格。

7　消防水泵房

7.1　技术要求

（1）疏散门应直通室外或安全出口。

（2）消防水泵房应采取不被水淹没的技术措施。

7.2　单项判定

直观检测判定方法如下。

（1）疏散门直通室外或安全出口则合格，反之不合格。

（2）消防水泵房采取不被水淹没的技术措施则合格，反之不合格。

8　稳压系统

8.1　技术要求

（1）当高位消防水箱不能满足静压要求时，应设置稳压泵。

（2）稳压泵的设计流量应满足系统管网的正常泄漏流量和系统自动启动流量，设计压力应满足系统最不利点处水压要求。

（3）稳压泵的设计压力应保持系统最不利点处水灭火设施在准工作状态时的静水压力应大于 0. 15 MPa。

（4）稳压泵吸水管应设置明杆闸阀，出水管应设置消声止回阀和明杆闸阀。

（5）稳压泵应设置备用泵。

（6）稳压泵启停运行应正常，启泵与停泵压力符合设定值，压力表显示应正常，当消防主泵启动时，泵应停止运行。

（7）稳压泵启停时系统压力应平稳，且稳压泵不应频繁启停。

8.2　单项判定

8.2.1　直观检测判定

（1）当高位消防水箱不能满足静压要求时，设置稳压泵则合格，反之不合格。

（2）稳压泵的设计流量满足系统管网的正常泄漏流量和系统自动启动流量，设计压力满足系统最不利点处水压要求则合格，反之不合格。

（3）稳压泵吸水管设置明杆闸阀，出水管设置消声止回阀和明杆闸阀则合格，反之不合格。

（4）稳压泵设置备用泵则合格，反之不合格。

（5）稳压泵启停运行正常，启泵与停泵压力符合设定值，压力表显示正常，消防主泵启动时，稳压泵停止运行则合格，反之不合格。

（6）稳压泵启停时系统压力平稳，稳压泵有防止频繁启停措施则合格，反之不合格。

8.2.2　仪器检测判定

仪器：压力表。

仪器测量系统最不利点处水灭火设施在准工作状态时的静水压力大于 0.15 MPa 则合格，反之不合格。

9　水泵接合器

9.1　技术要求

（1）应按系统要求设置消防水泵接合器。

（2）数量应按系统设计流量经计算确定，按每个流量 10～15 L/S 计算确定。

（3）竖向分区供水时，在消防车供水范围内应分别设置；超过消防车供水高度时，在设备层等方便操作地点设置移动泵的吸水和加压接口。

（4）应设在室外便于消防车使用的地点，且距室外消火栓或消防水池的距离不宜小于 15 m，并不宜大于 40 m。

（5）水泵接合器处应设置永久性标志铭牌，应能识别其所对应的消防给水系统或水灭火系统，当有分区时应有分区标识。

（6）墙壁水泵接合器的安装高度距地面宜为 0.7 m；与墙面上的门、

窗、孔、洞的净距离应不小于 2.0 m。

（7）地下消防水泵接合器的安装，应使进水口与井盖底面的距离不大于 0.4 m，且不应小于井盖的半径。

（8）地下消防水泵接合器应采用铸有"消防水泵接合器"标志的铸铁井盖，并应在其附近设置指示其位置的永久性固定标志。

（9）建筑外墙设置有玻璃幕墙或火灾时可能脱落的墙体装饰材料时，应设置在距离外墙相对安全的位置或采取安全防护措施。

9.2 单项判定

9.2.1 直观检测判定

（1）按系统要求设置消防水泵接合器则合格，反之不合格。

（2）数量按系统设计流量经计算确定，按每个流量 10～15 L/S 计算确定则合格，反之不合格。

（3）竖向分区供水时，在消防车供水范围内应分别设置；超过消防车供水高度时，在设备层等方便操作地点设置移动泵的吸水和加压接口则合格，反之不合格。

（4）设在室外便于消防车使用的地点则合格，反之不合格。

（5）设置永久性标志铭牌，并能识别其所对应的消防给水系统或水灭火系统，有分区时有分区标识则合格，反之不合格。

（6）地下消防水泵接合器采用铸有"消防水泵接合器"标志的铸铁井盖，并在其附近设置指示其位置的永久性固定标志则合格，反之不合格。

（7）建筑外墙设置有玻璃幕墙或火灾时可能脱落的墙体装饰材料

时，设置在距离外墙相对安全的位置或采取安全防护措施则合格，反之不合格。

9.2.2 仪器检测判定

仪器：钢卷尺、数字式激光测距仪。

（1）距室外消火栓或消防水池的距离不宜小于 15 m，且不宜大于 40m 则合格，反之不合格。

（2）墙壁式距地面宜为 0.7 m；与墙面上的门、窗、孔、洞的净距离不小于 2.0 m，地下式使进水口与井盖底面的距离不大于 0.4 m，且不小于井盖的半径则合格，反之不合格。

10 检测规则

10.1 检测条件

（1）委托方的消防水源和供水设施完全竣工。

（2）委托方提供的消防水源和供水设施的图纸、资料和相关文件齐全。

（3）消防水源和供水设施应具备开通条件。

10.2 抽样

（1）抽样方法：按楼层（防火分区）抽样，保证相当比例的设施被抽检到。

（2）抽样比例：消防水源、水泵房、稳压装置、水泵接合器全数检查。

10.3　判定

单项判定：当检测项目（一般项目）的任一小项不合格时则判定该小项不合格。

系统判定：（1）当检测项目（主控项目）的任一小项不合格时则判定该系统不合格；当检测项目（主控项目）全部合格时则判定该系统合格。（2）当检测项目（一般项目）大于20%不合格时则判定该系统不合格；当检测项目（一般项目）80%合格时则判定该系统合格。

注：消防设施安装高度及距离偏差参照 DB 33/1067—2013《建筑工程消防验收规范》。

建筑消防设施检测作业指导书检测细则
文件编号：LSJC-SSXZ-04-2018

建筑消防设施检测作业指导书检测细则	文件编号：LSJC-SSXZ-04-2018
消火栓给水系统技术检测规程	第3版
	发布日期：2018.5.28

1 范围

本规程规定了消火栓给水系统的技术要求、单项判定和检测规则。

本规程适用于工业与民用建筑中设置的消火栓给水系统的检测评定；不适用于生产和贮存火药、炸药、弹药、火工品等易燃易爆场所的检测评定。

2 引用标准

下列标准所包含的条文，通过在本标准中引用而构成本标准的条文。所有标准都会被修订，使用本标准的各方应探讨使用下列标准最新版本的可行性。

GB 50116—2013《火灾自动报警系统设计规范》

GB 50974—2014《消防给水及消火栓系统技术规范》

GA503—2023《建筑消防设施检测技术规程》

3　检测类别

3.1　监督检测

应公安消防机构的要求对消火栓给水系统进行的检测。

3.2　委托检测

受消火栓给水系统的业主单位、施工单位、使用单位等委托而进行的检测。

3.3　仲裁检测

为仲裁机构解决消火栓给水系统争议而进行的检测。

4　室外消火栓

4.1　技术要求

（1）室外消火栓的数量按其保护半径和室外消防用水量计算确定，每个消火栓的用水量应按为 10~15 L/s 计算。

（2）保护半径不应超过 150 m，且间距不应大于 120 m。

（3）室外消火栓宜沿建筑周围均匀布置，应布置在消防车易于接近的人行道和绿地等地点，消火栓距路边不应大于 2.0 m，距房屋外墙不宜小于 5.0 m。

（4）宜采用地上式，应有 1 个 DN150 或 DN100 和 2 个 DN65 的栓口。

（5）地下式时应有明显标志，应有 DN100 和 DN65 的栓口各 1 个。

（6）给水管网平时运行工作压力不小于 0.14 MPa。

4.2　单项判定

4.2.1　直观检测判定

（1）室外消火栓的数量按其保护半径和室外消防用水量计算确定，每个消火栓的用水量按 10～15 L/s 计算则合格，反之不合格。

（2）室外消火栓宜沿建筑周围均匀布置，布置在消防车易于接近的人行道和绿地等地点则合格，反之不合格。

（3）宜采用地上式，有 1 个 DN150 或 DN100 和 2 个 DN65 的栓口则合格，反之不合格。

（4）地下式时有明显标志，有 DN100 和 DN65 的栓口各 1 个则合格，反之不合格。

4.2.2　仪器检测判定

仪器：消火栓测压装置、数字式激光测距仪、钢卷尺。

（1）保护半径不超过 150 m，且间距不大于 120 m 则合格，反之不合格。

（2）室外消火栓距路边不大于 2.0 m，距房屋外墙不宜小于 5.0 m 则合格，反之不合格。

（3）给水管网平时运行工作压力不小于 0.14 MPa 则合格，反之不合格。

5　室内消火栓

5.1　技术要求

（1）室内消火栓应设置在明显位置易于取用，以及便于火灾扑救的位置。

（2）室内消火栓及消防软管卷盘应设置明显的永久性固定标志，当室内消火栓因美观要求需要隐蔽安装时，应有明显的标志，并应便于开启使用。

（3）消防电梯间前室应设消火栓。

（4）设有室内消火栓的建筑应设置带压力表的试验消火栓。

（5）同一建筑物内设置的消火栓、消防软管卷盘应采用统一规格的栓口、消防水枪和水带及配件。

（6）消火栓箱组件应齐全，箱门应开关灵活，开度应符合要求。

（7）栓口离地面或操作基面高度宜为 1.1 m，其出水方向宜向下或与设置消火栓的墙面呈 90°角；栓口与消火栓箱内边缘的距离不应影响消防水带的连接。

（8）消火栓间距不大于 30 m，布置应保证同层任何部位有 2 支水枪的充实水柱同时到达。

（9）栓口最大静压力不大于 1.0 MPa，大于时应采取分区供水。

（10）高层建筑、厂房、库房和室内净空高度超过 8 m 的民用建筑等场所的消火栓栓口动压不应小于 0.35 MPa，其他场所不应小于 0.25 MPa/0.30 MPa（隧道），不大于 0.50 MPa。

（11）栓口出水压大于 0.70 MPa 时应设置减压装置。

（12）建筑最不利点静水压不小于 0.07 MPa/0.10 MPa/0.15 MPa。

5.2　单项判定

5.2.1　直观检测判定

（1）室内消火栓设置在明显位置易于取用，以及便于火灾扑救的位置则合格，反之不合格。

（2）室内消火栓及消防软管卷盘设置明显的永久性固定标志，当室内消火栓因美观要求需要隐蔽安装时，有明显的标志，并便于开启使用则合格，反之不合格。

（3）消防电梯间前室设消火栓则合格，反之不合格。

（4）设有室内消火栓的建筑设置带压力表的试验消火栓则合格，反之不合格。

（5）同一建筑物内设置的消火栓、消防软管卷盘采用统一规格的栓口、消防水枪和水带及配件则合格，反之不合格。

（6）消火栓箱组件齐全，箱门开关灵活，开度符合要求则合格，反之不合格。

（7）栓口与消火栓箱内边缘的距离不影响消防水带的连接则合格，反之不合格。

5.2.2　仪器检测判定

仪器：消火栓测压装置、数字式激光测距仪、钢卷尺、多功能坡度测量仪。

（1）栓口离地面或操作基面高度宜为 1.1 m，其出水方向宜向下或与设置消火栓的墙面呈90°角则合格，反之不合格。

（2）消火栓间距不大于30 m，布置保证同层任何部位有2支水枪的充实水柱同时到达则合格，反之不合格。

（3）栓口最大静压力不大于1.0 MPa，大于时采取分区供水则合格，反之不合格。

（4）高层建筑、厂房、库房和室内净空高度超过8 m的民用建筑等场所的消火栓栓口动压不小于0.35 MPa，其他场所不小于0.25 MPa/0.30 MPa（隧道），不大于0.50 MPa则合格，反之不合格。

（5）栓口出水压大于0.70 MPa时设置减压装置则合格，反之不合格。

（6）建筑最不利点静水压不小于0.07 MPa/0.10 MPa/0.15 MPa则合格，反之不合格。

6　管网

6.1　技术要求

（1）室外消防给水管网采用两路供水时应布置成环状。

（2）向室外、室内环状消防给水管网供水的输水干管不应少于2条。

（3）室外消防给水管道的直径不小于DN 100。

（4）与自动喷水灭火系统合用消防泵时应在报警阀前分开设置。

（5）消防竖管直径不小于DN 100，并应有法兰。

（6）阀门应保持常开并应有明显的启闭标志或信号。

（7）减压阀的进口处应设置过滤器，过滤器和减压阀前后应设压力表、控制阀门。

（8）减压阀水流方向应与供水管网水流方向一致。

（9）室内消防给水系统由生活、生产给水系统管网直接供水时，应在引入管处设置倒流防止器。

6.2 单项判定

6.2.1 直观检测判定

（1）室外消防给水管网采用两路供水时布置成环状则合格，反之不合格。

（2）向室外、室内环状消防给水管网供水的输水干管不少于 2 条则合格，反之不合格。

（3）与自动喷水灭火系统合用消防泵时在报警阀前分开设置则合格，反之不合格。

（4）阀门保持常开并有明显的启闭标志或信号则合格，反之不合格。

（5）减压阀的进口处设置过滤器，过滤器和减压阀前后设压力表、控制阀门则合格，反之不合格。

（6）减压阀水流方向与供水管网水流方向一致则合格，反之不合格。

（7）室内消防给水系统由生活、生产给水系统管网直接供水时，在引入管处设置倒流防止器则合格，反之不合格。

6.2.2 仪器检测判定

仪器：游标卡尺。

（1）室外消防给水管道的直径不小于 DN100 则合格，反之不合格。

（2）消防竖管直径不小于 DN100，并有法兰则合格，反之不合格。

7 消火栓按钮

7.1 技术要求

（1）消火栓按钮的动作信号应作为报警信号及启动消火栓泵的联动触发信号，由消防联动控制器联动控制消火栓泵的启动。

（2）设置消防水泵供水设施的隧道、地铁，应在消火栓箱内设置消防水泵启动按钮。

（3）消防控制柜或控制盘应能显示消火栓按钮的报警信号。

7.2 单项判定

直观检测判定：

（1）消火栓按钮的动作信号作为报警信号及启动消火栓泵的联动触发信号，由消防联动控制器联动控制消火栓泵的启动则合格，反之不合格。

（2）设置消防水泵供水设施的隧道、地铁，在消火栓箱内设置有消防水泵启动按钮则合格，反之不合格。

（3）消防控制柜或控制盘能显示消火栓按钮的报警信号则合格，反之不合格。

8　检测规则

8.1　检测条件

（1）委托方的消火栓给水系统完全竣工。

（2）委托方提供的消火栓给水系统的图纸、资料和相关文件齐全。

（3）消火栓给水系统应具备开通条件。

8.2　抽样

8.2.1　抽样方法

按楼层（防火分区）抽样，保证相当比例的设施被抽检到。

8.2.2　抽样比例

（1）消防水源、水泵性能、水泵房、稳压系统、水泵接合器全数检查。

（2）室内消火栓，按楼层（防火分区）总数20%抽查，且不得少于5层（个），总数少于5层（个）的全数检查，抽查楼层（防火分区）的检查点不少于3处，其中栓口的静水压力、出水压力抽查楼层（防火分区）的不少于1处。

（3）消火栓启泵按钮：按实际安装数量的5%抽检，但抽检总数不少于3处。

8.3　判定

单项判定：当检测项目（一般项目）的任一小项不合格时则判定该小项不合格。

系统判定：①当检测项目（主控项目）的任一小项不合格时则判定

该系统不合格；当检测项目（主控项目）全部合格时则判定该系统合格。②当检测项目（一般项目）大于20%不合格时则判定该系统不合格；当检测项目（一般项目）80%合格时则判定该系统合格。

　　注：消防设施安装高度及距离偏差参照 DB 33/1067—2013《建筑工程消防验收规范》。

LSJC-DQXZ-2018

建筑电气消防安全
作业指导书
检测细则
（第 3 版）

2018 年 5 月 28 日发布　　　　2018 年 5 月 28 日实施

建筑电气消防安全作业指导书检测细则

文件编号：LSJC-DQXZ-00-2018

建筑电气消防安全作业指导书检测细则	文件编号：LSJC-DQXZ-00-2018
目录	第3版
	发布日期：2018.5.28

目　录

序号	文件名称	编号	备注
1	供配电装置技术检测规程	LSJC-DQXZ-01-2018	
2	低压用电设备技术检测规程	LSJC-DQXZ-02-2018	
3	室内低压配电线路技术检测规程	LSJC-DQXZ-03-2018	

建筑电气消防安全作业指导书检测细则
文件编号：LSJC-DQXZ-01-2018

建筑电气消防安全作业指导书检测细则	文件编号：LSJC-DQXZ-01-2018
供配电装置技术检测规程	第 3 版
	发布日期：2018.5.28

1　范围

本作业指导书规定了供配电装置的技术要求、单项判定和检测规则。

本作业指导书适用于 500V 以下工业与民用建筑中的供配电装置的建筑电气消防安全检测；不适用于矿井井下、爆炸危险场所及防静电、防雷的建筑电气消防安全检测。

2　引用标准

下列标准所包含的条文，通过在本标准中引用而构成本标准的条文。所有标准都会被修订，使用本标准的各方应探讨使用下列标准最新版本的可行性。

GB 50053—2013《20kV 及以下变电所设计规范》

JGJ16—2008《民用建筑电气设计规范》（附条文说明）

GB 50303—2015《建筑电气工程施工质量验收规范》

GB 50168—2006《电气装置安装工程电缆线路施工及验收规范》

GB 50016—2014《建筑设计防火规范》

GB 50254—2014《电气装置安装工程低压电器施工及验收规范》

GB 50054—2011《低压配电设计规范》

GB 50171—2012《电气装置安装工程盘、柜及二次回路接线施工及验收规范》

3　检测类别

3.1　监督检测

应公安消防机构的要求对供配电装置进行的检测。

3.2　委托检测

受供配电装置的业主单位、施工单位、使用单位等委托而进行的检测。

3.3　仲裁检测

为仲裁机构解决供配电装置争议而进行的检测。

4　总则

（1）供配电装置的选用和安装应与环境条件及工作状态相适应，并应符合国家设计和施工的规范和标准。

（2）供配电装置的设备和线路及其附件应符合产品质量标准，有产品合格证。

（3）供配电装置的检测应在设备和线路经过1 h以上时间的有载运

行，进入正常热稳定工作状态，其温升变化率小于 1k/h 后进行。

(4) 供配电装置的检测除应符合本作业指导书外，还应符合国家现行的有关强制性规范和标准的规定。

5 供配电装置

5.1 变配电室建筑要求和设备安装要求

5.1.1 技术要求

(1) 变压器室、配电室、电容器室的门应向外开启；相邻配电室之间有门时，应采用不燃材料制作的双向弹簧门。

(2) 长度大于 7 m 的配电室应设两个安全出口，并宜布置在配电室的两端；当配电室的长度大于 60 m 时，宜增加一个安全出口，相邻安全出口之间的距离不应大于 40 m。

(3) 当变电所采用双层布置时，位于楼上的配电室应至少设一个通向室外的平台或通向变电所外部通道的安全出口。

(4) 地上变电所宜设自然采光窗，高压配电室窗户的底边距室外地面的高度不应小于 1.8 m；低压配电室可设能开启的采光窗。

(5) 配电室临街的一面不宜开窗。

(6) 变压器室、配电室、电容器室等房间应设置防止雨、雪和蛇、鼠等小动物从采光窗、通风窗、门、电缆沟等处进入室内的设施。

(7) 高、低压配电室、变压器室、电容器室、控制室内不应有无关的管道和线路通过。

(8) 电缆穿过隔墙、楼板的孔洞处均应实施阻火封堵。

（9）灯具安装应牢固，应急灯照度应满足室内工作需要。

（10）消防用电设备应采用专用的供电回路，且应设置明显标志。

（11）地上变配电所内的变压器室宜采用自然通风，地下变配电所内的变压器应设机械排风系统。

（12）成排布置的配电屏，其长度超过 6 m 时，屏后的通道应设两个出口，并宜布置在通道的两端；当两出口之间的距离超过 15 m 时，其间还应增加出口。

5.1.2　单项判定

第一，直观检查判定。

（1）变压器室、配电室、电容器室的门向外开启；相邻配电室之间有门时，采用不燃材料制作的双向弹簧门则合格，反之不合格。

（2）当变电所采用双层布置时，位于楼上的配电室至少设一个通向室外的平台或通向变电所外部通道的安全出口则合格，反之不合格。

（3）配电室临街的一面不开窗则合格，反之不合格。

（4）变压器室、配电室、电容器室等房间设置防止雨、雪和蛇、鼠等小动物从采光窗、通风窗、门、电缆沟等处进入室内的设施则合格，反之不合格。

（5）高、低压配电室、变压器室、电容器室、控制室内没有无关的管道和线路通过则合格，反之不合格。

（6）电缆穿过隔墙、楼板的孔洞处均实施阻火封堵则合格，反之不合格。

（7）灯具安装牢固，应急灯照度满足室内工作需要则合格，反之不合格。

（8）消防用电设备采用专用的供电回路，且设置明显标志则合格，反之不合格。

（9）地上变配电所内的变压器室采用自然通风，地下变配电所内的变压器设机械排风系统则合格，反之不合格。

第二，仪器检测判定。

仪器：钢卷尺、数字激光测距仪。

（1）长度大于 7m 的配电室设两个安全出口，并布置在配电室的两端；当配电室的长度大于 60m 时，增加一个安全出口，相邻安全出口之间的距离不大于 40m 则合格，反之不合格。

（2）地上变电所设自然采光窗，高压配电室窗户的底边距室外地面的高度不小于 1.8m；低压配电室设能开启的采光窗则合格，反之不合格。

（3）成排布置的配电屏，其长度超过 6m 时，屏后的通道设 2 个出口，并布置在通道的两端；当两出口之间的距离超过 15m 时，其间还增加出口则合格，反之不合格。

5.2　配电箱（盘、屏、柜）

5.2.1　技术要求

（1）仪表指示正常。

（2）低压接触器的衔铁吸合后应无异常响声。

（3）接线应排列整齐、清晰、美观，导线绝缘应良好、无损伤。

（4）柜、台、箱的金属框架及基础型钢必须接地（PE）或接零

（PEN）可靠。

（5）母线的涂色

交流，A 相为黄色、B 相为绿色、C 相为红色；

直流，正极为赭色、负极为蓝色。

（6）对于低压成套配电柜、箱及控制柜（台、箱）间线路的线间和线对地间绝缘电阻值，馈电线路不应小于 0.5MΩ。

5.2.2　单项判定

第一，直观检查判定。

（1）仪表指示正常则合格，反之不合格。

（2）低压接触器的衔铁吸合后无异常响声则合格，反之不合格。

（3）接线排列整齐、清晰、美观，导线绝缘良好、无损伤则合格，反之不合格。

（4）柜、屏、台、箱、盘的金属框架及基础型钢接地（PE）或接零（PEN）可靠则合格，反之不合格。

（5）母线的涂色

交流，A 相为黄色、B 相为绿色、C 相为红色；

直流，正极为赭色、负极为蓝色则合格，反之不合格。

第二，仪器检测判定。

仪器：数字兆欧表。

对于低压成套配电柜、箱及控制柜（台、箱）间线路的线间和线对地间绝缘电阻值，馈电线路不小于 0.5MΩ 则合格，反之不合格。

5.3　照明配电箱

5.3.1　技术要求

(1) 照明配电箱（盘）安装牢固；暗装配电箱箱盖紧贴墙面。

(2) 照明配电箱（盘）内配线整齐，回路编号齐全。

(3) 照明配电箱（盘）应采用不燃材料制作。

(4) 照明配电箱（盘）内开关动作灵活可靠。

(5) 照明箱（盘）内宜分别设置中性导体（N）和保护接地导体（PE 线）汇流排，汇流排上同一端子不应连接不同回路的 N 或 PE。

5.3.2　单项判定

直观检查判定：

(1) 照明配电箱（盘）安装牢固；暗装配电箱箱盖紧贴墙面则合格，反之不合格。

(2) 照明配电箱（盘）内接线整齐，回路编号齐全则合格，反之不合格。

(3) 照明配电箱（盘）采用不燃材料制作则合格，反之不合格。

(4) 照明配电箱（盘）内开关动作灵活可靠则合格，反之不合格。

(5) 照明箱（盘）内分别设置中性导体（N）和保护接地导体（PE 线）汇流排，汇流排上同一端子连接同一回路的 N 或 PE 则合格，反之不合格。

5.4　低压供配电装置运行状态的要求

5.4.1　技术要求

通电试运行时，接线端子的温升值不应超过规范要求。

5.4.2　仪器检测判定

仪器：非接触式红外测温仪、红外热像仪、温湿度表。

通电试运行时，接线端子的温升值不超过规范要求则合格，反之不合格。

5.5　变配电装置触头、接线端子的要求

5.5.1　技术要求

（1）每个接线端子的每侧接线宜为 1 根，不得超过 2 根。对于插接式端子，不同截面的两根导线不得接在同一端子中；螺栓连接端子接两根导线时，中间应加平垫片。

（2）接线端子应与导线截面匹配，不应使用小端子配大截面导线。

（3）电源侧进线应接在进线端，负荷侧出线应接在出线端。

（4）电器的接线应采用有金属防锈层或铜质的螺栓和螺钉，应有成套的防松装置，连接时应拧紧。

（5）截面积在 10 mm^2 及以下的单股铜芯线和单股铝/铝合金芯线直接与设备、器具的端子连接。

（6）截面积在 2.5 mm^2 及以下的多股铜芯线拧紧搪锡或接续端子后与设备、器具的端子连接。

（7）截面积大于 2.5 mm^2 的多股铜芯线，除设备自带插接式端子外，应接续端子后与设备或器具的端子连接；多股铜芯线与插接式端子连接前，端部拧紧搪锡。

5.5.2　单项判定

第一，直观检查判定。

（1）每个接线端子的每侧接线为1根，不超过2根。对于插接式端子，不同截面的两根导线不接在同一端子中；螺栓连接端子接两根导线时，中间加平垫片则合格，反之不合格。

（2）接线端子与导线截面匹配，不使用小端子配大截面导线则合格，反之不合格。

（3）电源侧进线接在进线端，负荷侧出线接在出线端则合格，反之不合格。

（4）电器的接线采用有金属防锈层或铜质的螺栓和螺钉，有成套的防松装置，连接时拧紧则合格，反之不合格。

第二，仪器检测判定。

仪器：游标卡尺。

（1）截面积在 10 mm² 及以下的单股铜芯线和单股铝/铝合金芯线直接与设备、器具的端子连接则合格，反之不合格；

（2）截面积在 2.5 mm² 及以下的多股铜芯线拧紧搪锡或接续端子后与设备、器具的端子连接则合格，反之不合格；

（3）截面积大于 2.5 mm² 的多股铜芯线，除设备自带插接式端子外，接续端子后与设备或器具的端子连接；多股铜芯线与插接式端子连接前，端部拧紧搪锡则合格，反之不合格。

6　检测规则

6.1　检测条件

（1）委托方的供配电装置完全竣工。

（2）委托方提供的供配电装置的图纸、资料和其他相关文件齐全。

（3）供配电装置应具备开通条件。

6.2 抽样

（1）抽样方法：按供配电装置所在位置及电气设备间抽样，必须保证每个供配电装置所在位置及电气设备间均被抽检到。

（2）抽样比例：供配电装置全数检查。

6.3 判定

6.3.1 单项判定

当检测项目（一般项目）的任一小项不合格时则判定该小项不合格。

6.3.2 系统判定

（1）当检测项目（主控项目）的任一小项不合格时则判定该系统不合格；当检测项目（主控项目）全部合格时则判定该系统合格。

（2）当检测项目（一般项目）大于20%不合格时则判定该系统不合格；当检测项目（一般项目）80%合格时则判定该系统合格。

建筑电气消防安全作业指导书检测细则
文件编号：LSJC-DQXZ-02-2018

建筑电气消防安全作业指导书检测细则	文件编号：LSJC-DQXZ-02-2018
低压用电设备技术检测规程	第 3 版
	发布日期：2018. 5. 28

1　范围

本作业指导书规定了低压用电设备的技术要求、单项判定和检测规则。

本作业指导书适用于 500V 以下工业与民用建筑中的低压用电设备的建筑电气消防安全检测；不适用于矿井井下、爆炸危险场所及防静电、防雷的建筑电气消防安全检测。

2　引用标准

下列标准所包含的条文，通过在本标准中引用而构成本标准的条文。所有标准都会被修订，使用本标准的各方应探讨使用下列标准最新版本的可行性。

GB 50016—2014《建筑设计防火规范》

JGJ16—2008《民用建筑电气设计规范》（附条文说明）

GB 50303—2015《建筑电气工程施工质量验收规范》

GB 50055—2011《通用用电设备配电设计规范》

3　检测类别

3.1　监督检测

应公安消防机构的要求对低压用电设备进行的检测。

3.2　委托检测

受低压用电设备的业主单位、施工单位、使用单位等委托而进行的检测。

3.3　仲裁检测

为仲裁机构解决低压用电设备争议而进行的检测。

4　总则

（1）低压用电设备的选用和安装应与环境条件及工作状态相适应，并应符合国家设计和施工的规范和标准。

（2）低压用电设备的设备和线路及其附件应符合产品质量标准，有产品合格证。

（3）低压用电设备的检测应在设备和线路经过1 h以上时间的有载运行，进入正常热稳定工作状态，其温升变化率小于1k/ h后进行。

（4）低压用电设备的检测除应符合本作业指导书外，尚应符合国家现行的有关强制性规范和标准的规定。

5　低压用电设备

5.1　普通灯具

5.1.1　技术要求

（1）单相回路灯具不大于 25 只；I 不大于 16A。

（2）灯具表面及其附近的高温部位靠近可燃物时，应采取隔热、散热等防火保护措施。

（3）卤钨灯和额定功率不小于 100W 的白炽灯泡的吸顶灯、槽灯、嵌入式灯，其引入线应采用瓷管、矿棉等不燃材料做隔热保护。

（4）可燃材料仓库内宜使用低温照明灯具，并应对灯具的发热部件采取隔热等防火措施，不应使用卤钨灯等高温照明灯具。

（5）灯具外观涂层完整，无损伤，附件安全。

（6）普通灯具的 I 类灯具外露可导电部分必须采用铜芯软导线与保护导体可靠连接，连接处应设置接地标识。

（7）高低压配电设备及裸母线及电梯曳引机的正上方不应安装灯具。

（8）日光灯不应直接安装在可燃装修材料或可燃构件上。

5.1.2　单项判定

第一，直观检测判定。

（1）单相回路灯具不大于 25 只则合格，反之不合格。

（2）灯具表面及其附近的高温部位靠近可燃物时，采取隔热、散热等防火保护措施则合格，反之不合格。

（3）卤钨灯和额定功率不小于 100W 的白炽灯泡的吸顶灯、槽灯、嵌入式灯，其引入线采用瓷管、矿棉等不燃材料做隔热保护则合格，反之不合格。

（4）可燃材料仓库内使用低温照明灯具，并对灯具的发热部件采取隔热等防火措施，不使用卤钨灯等高温照明灯具则合格，反之不合格。

（5）灯具外观涂层完整，无损伤，附件安全则合格，反之不合格。

（6）普通灯具的 I 类灯具外露可导电部分采用铜芯软导线与保护导体可靠连接，连接处设置接地标识则合格，反之不合格。

（7）高低压配电设备及裸母线及电梯曳引机的正上方不安装灯具则合格，反之不合格。

（8）日光灯不直接安装在可燃装修材料或可燃构件上则合格，反之不合格。

第二，仪器检测判定。

仪器：数字钳式万用表。

单相回路灯具 I 不大于 16A 则合格，反之不合格。

5.2　专用灯具安装

5.2.1　技术要求

（1）霓虹灯管完好，无破裂。

（2）霓虹灯专用变压器的 2 次侧电线和灯管间的连接线采用额定电压大于 15kV 的高压绝缘电线。

（3）灯管采用专用的绝缘支架固定，且牢固可靠；灯管固定后，与建筑物、构筑物表面的距离不小于 20 mm。

（4）霓虹灯变压器露天安装时应有防雨措施。

（5）霓虹灯变压器安装位置应方便检修，且应隐蔽在不易被非检修人触及的场所。

（6）霓虹灯变压器明装时高不小于 3.5m；低于 3.5m 时采取防护措施。

（7）游泳池和类似场所灯具（水下灯及防水灯具）：当引入灯具的电源采用导管保护时，应采用塑料导管；固定在水池构筑物上的所有金属部件应与保护联结导体可靠连接，并应设置标识。

（8）舞台照明每一回路的可载容量应与所选用的调光设备的回路输出容量相适应。

（9）舞台灯具以及灯用附件等高温部位靠近可燃物时，应采取隔热、散热等防火保护措施。

（10）舞台用电设备应接地或接零保护。

5.2.2　单项判定

第一，直观检测判定。

（1）霓虹灯管完好，无破裂则合格，反之不合格。

（2）霓虹灯专用变压器的二次电线和灯管间的连接线采用额定电压大于 15 kv 的高压绝缘电线则合格，反之不合格。

（3）霓虹灯变压器露天安装时有防雨措施则合格，反之不合格。

（4）霓虹灯变压器安装位置方便检修，且隐蔽在不易被非检修人触及的场所则合格，反之不合格。

（5）游泳池和类似场所灯具（水下灯及防水灯具）：当引入灯具的

电源采用导管保护时，采用塑料导管；固定在水池构筑物上的所有金属部件与保护联结导体可靠连接，并设置标识则合格，反之不合格。

（6）舞台照明每一回路的可载容量与所选用的调光设备的回路输出容量相适应则合格，反之不合格。

（7）舞台灯具以及灯用附件等高温部位靠近可燃物时，采取隔热、散热等防火保护措施则合格，反之不合格。

（8）舞台用电设备接地或接零保护则合格，反之不合格。

第二，仪器检测判定。

仪器：钢卷尺、游标卡尺、数字式激光测距仪。

（1）灯管采用专用的绝缘支架固定，且牢固可靠；灯管固定后，与建筑物、构筑物表面的距离不小于20 mm则合格，反之不合格。

（2）霓虹灯变压器明装时高不小于3.5 m；低于3.5 m时采取防护措施则合格，反之不合格。

5.3　开关插座

5.3.1　技术要求

（1）当交流、直流或不同电压等级的插座安装在同一场所时，应有明显的区别，插座不得互换；配套的插头应按交流、直流或不同电压等级区别使用。

（2）插座盒或开关盒应与饰面平齐，盒内干净整洁，无锈蚀，绝缘导线不得裸露在装饰层内。

（3）插座盒或开关盒面板应紧贴墙面，四周无缝隙，安装牢固，表面光滑、无碎裂、划伤，装饰帽（板）齐全。

（4）相线经开关控制。

（5）地插座应紧贴饰面，盖板固定牢固，密封良好。

（6）插座接线：

单项两孔插座，面对插座的右孔或上孔与相线连接，左孔或下孔与中性导体（N）连接；

单相三孔插座，面对插座的右孔与相线连接，左孔与中性导体（N）连接；

单相三孔、三相四孔及三相五孔插座的保护接地导体（PE）接在上孔；

插座的保护接地导体端子不与中性导体端子连接；

同一场所的三相插座，接线的相序一致。保护接地导体（PE）在插座间不串联连接。

5.3.2　单项判定

第一，直观检测判定。

（1）当交流、直流或不同电压等级的插座安装在同一场所时，有明显的区别，插座不互换；配套的插头按交流、直流或不同电压等级区别使用则合格，反之不合格。

（2）插座盒或开关盒与饰面平齐，盒内干净整洁，无锈蚀，绝缘导线不裸露在装饰层内则合格，反之不合格。

（3）插座盒或开关盒面板紧贴墙面，四周无缝隙，安装牢固，表面光滑、无碎裂、划伤，装饰帽（板）齐全则合格，反之不合格。

（4）相线经开关控制则合格，反之不合格。

（5）地插座紧贴饰面，盖板固定牢固，密封良好则合格，反之不合格。

第二，仪器检测判定。

仪器：电笔、单相三孔插座安全检测器、单相三孔插座漏电开关检测器。

插座接线：

单相两孔插座，面对插座的右孔或上孔与相线连接，左孔或下孔与中性导体（N）连接则合格，反之不合格；

单相三孔插座，面对插座的右孔与相线连接，左孔与中性导体（N）连接则合格，反之不合格；

单相三孔、三相四孔及三相五孔插座的保护接地导体（PE）接在上孔则合格，反之不合格；

插座的保护接地导体端子不与中性导体端子连接则合格，反之不合格；

同一场所的三相插座，接线的相序一致；保护接地导体（PE）在插座间不串联则合格，反之不合格。

5.4 低压电动机、电加热及电动执行机构

5.4.1 技术要求

（1）电动机、电加热器及电动执行机构，绝缘电阻值不应小于0.5MΩ。

（2）电气设备安装应牢固，螺栓及防松零件齐全，不松动，防水防潮电气设备的接线入口及接线盒盖等应做密封处理。

（3）电动机应装设短路保护、接地保护和过载保护。

（4）电动机、电加热及电动执行机构的外露可导电部分必须与保护导体可靠连接。

（5）电动机应试通电，检查转向和机械转动情况。

（6）电动执行机构的动作方向及指示应与工艺装置的设计要求保持一致。

5.4.2　单项判定

第一，直观检测判定。

（1）电气设备安装牢固，螺栓及防松零件齐全，不松动，防水防潮电气设备的接线入口及接线盒盖等做密封处理则合格，反之不合格。

（2）电动机装设短路保护、接地保护和过载保护则合格，反之不合格。

（3）电动机，电加热及电动执行机构的外露可导电部分与保护导体可靠连接则合格，反之不合格。

（4）电动机通电，检查转向和机械转动无异常情况则合格，反之不合格。

（5）电动执行机构的动作方向及指示与工艺装置的设计要求保持一致则合格，反之不合格。

第二，仪器检测判定。

仪器：数字兆欧表。

电动机、电加热及电动执行机构，绝缘电阻值不小于 0.5MΩ 则合格，反之不合格。

6 检测规则

6.1 检测条件

（1）委托方的低压用电设备完全竣工。

（2）委托方提供的低压用电设备的图纸、资料和其他相关文件齐全。

（3）低压用电设备应具备开通条件。

6.2 抽样

（1）抽样方法：按楼层抽样，必须保证每个楼层均被抽检到。

（2）抽样比例：照明灯具总数只抽检10%，但每层不少于2处；开关、插座总数只抽检10%，但每层不少于2处；其他全数检查。

6.3 判定

单项判定：当检测项目（一般项目）的任一小项不合格时则判定该小项不合格。

系统判定：

（1）当检测项目（主控项目）的任一小项不合格时则判定该系统不合格；当检测项目（主控项目）全部合格时则判定该系统合格。

（2）当检测项目（一般项目）大于20%不合格时则判定该系统不合格；当检测项目（一般项目）80%合格时则判定该系统合格。

建筑电气消防安全作业指导书检测细则
文件编号：LSJC-DQXZ-03-2018

建筑电气消防安全作业指导书检测细则	文件编号：LSJC-DQXZ-03-2018
	第3版
室内低压配电线路技术检测规程	发布日期：2018.5.28

1　范围

　　本作业指导书规定了室内低压配电线路的技术要求、单项判定和检测规则。

　　本作业指导书适用于500V以下工业与民用建筑中的室内低压配电线路的建筑电气消防安全检测；不适用于矿井井下、爆炸危险场所及防静电、防雷的建筑电气消防安全检测。

2　引用标准

　　下列标准所包含的条文，通过在本标准中引用而构成本标准的条文。所有标准都会被修订，使用本标准的各方应探讨使用下列标准最新版本的可行性。

　　GB 50016—2014《建筑设计防火规范》

　　GB 50054—2011《低压配电设计规范》

JGJ16—2008《民用建筑电气设计》（附条文说明）

GB 50303—2015《建筑电气工程施工质量验收规范》

GB 50217—2007《电力工程电缆设计规范》

GB 50168—2006《电气装置安装工程电缆线路施工及验收规范》

GB 16895.14—2010/IEC 60364-7-703：2004《建筑物电气装置第7-703部分：特殊装置或场所的要求装有桑拿浴加热器的房间和小间》

GB 50053—2013《20kV 及以下变电所设计规范》

DB 33/1067—2013《建筑工程消防验收规范》

3　检测类别

3.1　监督检测

应公安消防机构的要求对室内低压配电线路进行的检测。

3.2　委托检测

受室内低压配电线路的业主单位、施工单位、使用单位等委托而进行的检测。

3.3　仲裁检测

为仲裁机构解决室内低压配电线路争议而进行的检测。

4　总则

（1）室内低压配电线路的选用和安装应与环境条件及工作状态相适应，并应符合国家设计和施工的规范和标准。

（2）室内低压配电线路的设备和线路及其附件应符合产品质量标

准，有产品合格证。

（3）室内低压配电线路的检测应在设备和线路经过 1 h 以上时间的有载运行，进入正常热稳定工作状态，其温升变化率小于 1k/h 进行。

（4）室内低压配电线路的检测除应符合本作业指导书外，尚应符合国家现行的有关强制性规范和标准的规定。

（5）室内低压配电线路。

5.1　线缆选择

5.1.1　技术要求

（1）电缆选择一般采用铜芯。

（2）移动设备用橡皮电缆。

（3）60℃以上场所，用耐热电缆。

（4）100℃以上环境，宜用矿物电缆。

（5）由晶闸管调光装置配出的舞台照明线路宜采用单相配电。当采用三相配电时，宜每相分别配置中性导体，当共用中性导体时，中性导体截面不应小于相导体截面的 2 倍。

5.1.2　单项判定

直观检查判定。

（1）电缆选择一般采用铜芯则合格，反之不合格。

（2）移动设备用橡皮电缆则合格，反之不合格。

（3）60℃以上场所，用耐热电缆则合格，反之不合格。

（4）100℃以上环境，宜用矿物电缆则合格，反之不合格。

（5）由晶闸管调光装置配出的舞台照明线路宜采用单相配电。当采用三相配电时，宜每相分别配置中性导体，当共用中性导体时，中性导体截面不小于相导体截面的2倍则合格，反之不合格。

5.2 电缆敷设

5.2.1 技术要求

（1）排列整齐、加固定、不交叉，并装设标志牌。

（2）电缆在室内埋设或通过墙、楼板时应穿钢管保护。

（3）交流单芯电缆或分相后的每相电缆不得单根独穿于钢导管内。

（4）电力电缆不应和输送甲、乙、丙类液体管道、可燃气体管道、热力管道敷设在同一管沟内。

（5）电缆出入电缆沟、电气竖井、建筑物、配电（控制）柜、台、箱以及管子管口处等部位应采取防火或密封措施。

（6）三相四线制系统中应采用四芯电力电缆，不应采用三芯电缆另加一根单芯电缆作中性线。

（7）舞台照明设备的接电方法，应采用专用接插件连接，接插件额定容量应有足够的余量。

5.2.2 单项判定

直观检测判定。

（1）排列整齐、加固定、不交叉，并装设标志牌则合格，反之不合格。

（2）电缆在室内埋设或通过墙、楼板时穿钢管保护则合格，反之不合格。

（3）交流单芯电缆或分相后的每相电缆不单根独穿于钢导管内则合

格，反之不合格。

（4）电力电缆不和输送甲、乙、丙类液体管道、可燃气体管道、热力管道敷设在同一管沟内则合格，反之不合格。

（5）电缆出入电缆沟、电气竖井、建筑物、配电（控制）柜、台、箱以及管子管口处等部位采取防火或密封措施则合格，反之不合格。

（6）三相四线制系统中采用四芯电力电缆，未采用三芯电缆另加一根单芯电缆作中性线则合格，反之不合格。

（7）舞台照明设备的接电方法，采用专用接插件连接，接插件额定容量有足够的余量则合格，反之不合格。

5.3　电线敷设

5.3.1　技术要求

（1）不同回路、不同电压等级和交流与直流线路的绝缘导线不应穿于同一导管内。

（2）同一交流回路的绝缘导线不应敷设于不同的金属槽盒内或穿于不同金属导管内。

（3）绝缘导线在槽盒内应留有一定余量。

（4）建筑物顶棚内、保温层及装饰面板内，严禁采用直敷布线。

5.3.2　单项判定

直观检测判定。

（1）不同回路、不同电压等级和交流与直流线路的绝缘导线不穿于同一导管内则合格，反之不合格。

（2）同一交流回路的绝缘导线敷设于同一的金属槽盒内或穿于同一

金属导管内则合格，反之不合格。

（3）绝缘导线在槽盒内留有一定余量则合格，反之不合格。

（4）建筑物顶棚内、保温层及装饰面板内，严禁采用直敷布线则合格，反之不合格。

5.4　线路要求

5.4.1　技术要求

（1）线路应保护易受机械损伤的部位。

（2）导线接头应设在接线盒（箱）内。

（3）配电线路不得穿越通风管道内腔或敷设在通风管道外壁上，穿金属管保护的配电线路可紧贴通风管道外壁敷设。

（4）竖井内布线时，不应和电梯井、管道间共用同一竖井。

（5）刚性导管经柔性导管与电气设备、器具连接，柔性导管的长度在动力工程中不大于0.8 m，在照明工程中不大于1.2 m。

（6）低压或特低压配电线路线间和线对地间的绝缘电阻不应小于0.5MΩ。

（7）桑拿浴室内线路应为双重绝缘，不得采用金属外皮的电缆或普通钢管布线。

5.4.2　单项判定

直观检测判定。

（1）线路易受机械损伤部位设保护措施则合格，反之不合格。

（2）导线接头设在接线盒（箱）内则合格，反之不合格。

（3）配电线路不得穿越通风管道内腔或敷设在通风管道外壁上，穿金属管保护的配电线路可紧贴通风管道外壁敷设则合格，反之不合格。

（4）竖井内布线时，不应和电梯井、管道间共用同一竖井则合格，反之不合格。

（5）桑拿浴室内线路为双重绝缘，不得采用金属外皮的电缆或普通钢管布线则合格，反之不合格。

仪器检测判定。

仪器：钢卷尺、数字兆欧表。

（1）刚性导管经柔性导管与电气设备、器具连接，柔性导管的长度在动力工程中不大于0.8 m，在照明工程中不大于1.2 m则合格，反之不合格。

（2）低压或特低压配电线路线间和线对地间的绝缘电阻不小于0.5MΩ则合格，反之不合格。

5.5 封闭母线、插接式母线安装

5.5.1 技术要求

（1）室内采用铜铝过渡板，铜导体搭接面搪锡。

（2）三相交流母线：L1—黄、L2—绿、L3—红。

（3）直流母线：正—赭、负—蓝。

5.5.2 单项判定

（1）直观检测判定

①室内采用铜铝过渡板，铜导体搭接面搪锡则合格，反之不合格。

②三相交流母线：L1—黄、L2—绿、L3—红则合格，反之不合格。

③直流母线：正—赭、负—蓝则合格，反之不合格。

5.6　梯架、托盘和槽盒安装

5.6.1　技术要求

（1）当设计无要求时，梯架、托盘和槽盒水平安装的支架间距为1.5~3 m；垂直安装的支架间距不大于2 m。

（2）敷设在电气竖井内穿越楼板处和穿越不同防火区的梯架、托盘和槽盒，应有防火隔堵措施。

5.6.2　单项判定

第一，直观检测判定。

敷设在电气竖井内穿越楼板处和穿越不同防火区的梯架、托盘和槽盒有防火隔堵措施则合格，反之不合格。

第二，仪器检测判定。

仪器：钢卷尺。

当设计无要求时，梯架、托盘和槽盒水平安装的支架间距为1.5~3 m；垂直安装的支架间距不大于2 m则合格，反之不合格。

5.7　电缆沟和电缆竖井

5.7.1　技术要求

（1）应采取防水、排水措施。

（2）竖井有接地干线和接地端子。

（3）竖井不应有与其无关的管道等通过。

5.7.2　单项判定

直观检测判定。

（1）采取防水、排水措施则合格，反之不合格。

（2）竖井有接地干线和接地端子则合格，反之不合格。

（3）竖井不应有与其无关的管道等通过则合格，反之不合格。

5.8　保护措施

5.8.1　技术要求

（1）电气线路应装设短路、过载和接地故障保护。

（2）采用的上下级保护电器，动作应有选择性，能协调配合。

（3）配电线路敷设在有可燃物的闷顶、吊顶内时，应采取穿金属导管、采用封闭式金属槽盒等防火保护措施。

5.8.2　单项判定

第一，直观检测判定。

（1）采用的上下级保护电器，动作应有选择性，能协调配合则合格，反之不合格。

（2）配电线路敷设在有可燃物的闷顶、吊顶内时，采取穿金属导管、采用封闭式金属槽盒等防火保护措施则合格，反之不合格。

第二，仪器检测判定。

仪器：漏电开关测试仪。

电气线路应装设短路、过载和接地故障保护则合格，反之不合格。

5.9　防火封堵

5.9.1　技术要求

（1）建筑内的电缆井、管道井应在每层楼板处采用不低于楼板耐火极限的不燃烧体或防火封堵材料封堵。

（2）建筑内的电缆井、管道井与房间、走道等相连通的孔隙应采用防火封堵材料封堵。

5.9.2 单项判定

直观检测判定。

（1）建筑内的电缆井、管道井在每层楼板处采用不低于楼板耐火极限的不燃烧体或防火封堵材料封堵则合格，反之不合格。

（2）建筑内的电缆井、管道井与房间、走道等相连通的孔隙采用防火封堵材料封堵则合格，反之不合格。

6　检测规则

6.1　检测条件

（1）委托方的室内低压配电线路完全竣工。

（2）委托方提供的室内低压配电线路的图纸、资料和其他相关文件齐全。

（3）室内低压配电线路应具备开通条件。

6.2　抽样

（1）抽样方法：按楼层抽样，必须保证每个楼层均被抽检到。

（2）抽样比例：每个楼层不少于1处，共抽查10处。

6.3　判定

单项判定：当检测项目（一般项目）的任一小项不合格时则判定该

小项不合格。

系统判定：

（1）当检测项目（主控项目）的任一小项不合格时则判定该系统不合格；当检测项目（主控项目）全部合格时则判定该系统合格。

（2）当检测项目（一般项目）大于20%不合格时则判定该系统不合格；当检测项目（一般项目）80%合格时则判定该系统合格。

消防安全评估

作业指导书

检测细则

（第3版）

2018 年 5 月 28 日发布　　　　　　2018 年 5 月 28 日实施

消防安全评估作业指导书

1　范围

　　本标准规定了单位消防安全评估的术语和定义、评估实施步骤、评估内容、评估报告和评估规则。本标准适用于对单位进行消防安全评估,主要是单位在生产、经营、使用(营业)过程中的消防安全进行的现状评估。推荐火灾高危单位率先开展消防安全评估工作。

2　评估依据

　　《中华人民共和国消防法》

　　《浙江省消防条例》

　　《机关、团体、企业、事业单位消防安全管理规定》〔中华人民共和国公安部令(第61号)〕

　　《消防监督检查规定》〔中华人民共和国(第107号)〕

　　《浙江省消防安全重点单位消防安全评估办法》

　　《建筑消防设施安装质量检验评定规程》DB 37/242—2008

　　《人员密集场所消防安全管理规范》DB 37/T 653—2012

　　GB /T 5907-86《消防基本术语》(第一部分)

　　GB /T 14107-1993《消防基本术语》(第二部分)

　　GA 653-2006《重大火灾隐患判定方法》

　　GA 654-2006《人员密集场所消防安全管理》

3 术语和定义

GB /T 5907-86、GB /T 14107-1993、GA 653-2006、GA 654-2006 确立的以及下列术语和定义适用于本标准。

3.1 社会单位

有固定活动场所且有依法注册名称或其他合法名称的组织。包括机关、团体、企业、事业单位及其他组织。

3.2 火灾高危单位

容易造成群死群伤火灾的下列单位是火灾高危单位，具体如下：

（1）在本地区具有较大规模的人员密集场所；

（2）在本地区具有一定规模的生产、储存、经营易燃易爆危险品场所单位；

（3）火灾荷载较大、人员较密集的高层、地下公共建筑以及地下交通工程；

（4）采用木结构或砖木结构的全国重点文物保护单位；

（5）其他容易发生火灾且一旦发生火灾可能造成重大人身伤亡或者财产损失的单位。

火灾高危单位的具体界定标准由浙江省公安机关消防机构结合本地实际确定，并由浙江省人民政府公布。

3.3 消防安全评估

消防安全评估是通过对单位的风险辨识分析、对单位火灾隐患的定性定量评估，及时发现存在的火灾隐患，科学评估单位安全动态，提出整改方案，完善消防安全管理，提高单位火灾控制能力。

3.4 消防安全评估等级

单位消防安全状况的等级。火灾高危单位的消防安全评估对评估内容设定不同的权重，以百分制量化分值评分，评估结论分为"好、一般、差"三个等次。

4 评估实施步骤

消防安全评估至少应分为准备工作、实施评估和编制评估报告 3 个阶段。

4.1 准备工作内容

（1）确定评估的对象和范围。

（2）准备有关评估所需相关的法律法规、标准、规章、规范等资料。

（3）评估机构应说明评估目的、评估内容、评估方式、所需资料（包括图纸、文件、资料、档案、数据）的清单、拟开展现场检查的项目，及其他需要相关单位配合的事项。

（4）依法取得相应资格的现场评估人员应不少于 2 名。

（5）实施评估前，对评估涉及的测量用的仪器、仪表、量具等，评估人员应检查其计量检定合格证、校准证书及其有效期。

（6）被评估单位应提前准备好评估机构需要的资料。包括公安消防部门出具的相关法律文书；建筑消防设施检测报告、维护保养报告及自动消防系统运行情况记录；消防安全管理相关记录；根据单位实际情况需要提供的其他文件、资料；（但不限于）以下资料。

序号	资料名称	资料要求	序号	资料名称	资料要求
1	建筑总平面布局图	能够反映建筑及其周边的布局	9	消防设施维护报告	反映最近消防设施维护情况
2	各楼层建筑平面（防火分区）图	最接近现有建筑的实际情况	10	消防设施运行记录	反映最近消防设施运行情况
3	各楼层消防平面图	能够表达现有的全部消防设施	11	消防管理制度	全部正在使用的制度
4	消防设计专篇	反映出设计者对消防设计的思路	12	消防应急预案	正在使用的预案
5	最近一次建筑改造的相关资料	包括结构、布局、装修、功能等	13	全员培训演练记录	近一年历次记录
6	建筑合法性批文	消防审查验收意见书	14	消防安全人员名单	目前配备情况，落实到个人
7	消防安全监督检查意见书	反映近一年消防监督情况	15	消防安全检查记录	近一年内部消防检查情况
8	消防设施检测报告	本年度的检测报告	16	消防安全事故记录	近一年发生过消防事故和故障

4.2　实施评估应包括以下内容

（1）对单位提供的资料进行审查。

（2）根据本标准的相关规定进行评估和打分，实施评估时要仔细，记录应及时、完整，检查结果和数据要真实，字迹要清楚，不准弄虚作假，做到客观、真实、完整。

（3）对发现问题进行相应的影像记录。

（4）进行评估总分计算和安全等级划分。

（5）评估人员应遵守保密规定，对委托方提供的数据、文件做到完全保密，不向评估无关的第三方提供现场数据、文件，保护委托方权益。

4.3　编制评估报告应符合以下规定

（1）评估机构应根据客观、公正、真实的原则，严谨、明确地做出评估结论。

（2）评估报告内容应全面，条理应清楚，数据应完整，提出建议应可行，评估结论应客观公正；文字应简洁、准确，论点应明确，利于阅读和审查。

5　评估内容与方法

5.1　评估内容

单位消防安全评估包括以下内容。

（1）消防安全责任制落实；（15分）

（2）建（构）筑物防火；（15分）

（3）消防设施及器材；（15分）

（4）消防安全管理；（25分）

（5）扑救初起火灾的能力；（15分）

（6）消防教育培训；（10分）

（7）消防工作报告备案。（5分）

5.2　评估方法

社会单位消防安全评估方法包括现场检查、设备测试、资料查阅、网络查询、人员询问。

5.3　加分内容

在进行消防安全评估后，若单位有符合以下条件的，可以直接加分。

单位联网消防安全远程监控系统的，加1分；采取其他加强火灾防控能力的技防措施，加1分。

5.4　分值评定

（1）评估综合得分根据单位性质和危险程度进行折算。属于火灾高危的单位应将评估现场得分乘以0.9，单位属于《关于实施〈机关、团体、企业、事业单位消防安全管理规定〉有关问题的通知》（公通字〔2001〕97号）明确的《消防安全重点单位界定标准》中第一、二、八、九、十一项中所列类别应将评估现场得分乘以0.95，属于第三、四、五、六、七、十项所列类别应将评估现场得分乘以1.0。

（2）总分为100分，单位得分90分及以上为好，70分~89分为一般，69分以下评为差；因评估内容不适用导致总分低于100分的，按相应比例评定。

6　评估报告

（1）《消防安全评估报告》应当包括：封面、单位概况及消防安全基本情况、评估要求、评估依据、评估人员、评估内容、存在问题、评估结论、降低或控制火灾风险的安全对策与措施、落实整改措施和改进对策。

(2)《消防安全评估报告》制作一式三份，一份送达给被评估单位；一份报当地公安消防机构备案；一份由评估机构留存。

7　评估程序

(1) 评估机构接受委托，并与委托方签订委托评估合同或委托书；

(2) 社会单位应向评估机构提供相关资料；

(3) 评估机构明确现场评估内容；

(4) 评估机构对照社会单位提供的书面材料，到社会单位进行消防安全评估，并作详实记录；

(5) 评估机构对评估单位进行火灾风险辨识和消防安全状况评估，提出工作建议，做出评估结论；

(6) 评估机构出具加盖本机构"评估报告专用章"的《消防安全评估报告》。

消防设施维护保养

作业指导书

（第3版）

2018 年 5 月 28 日发布　　　　　　2018 年 5 月 28 日实施

消防设施维护保养作业指导书

文件编号：YTXJ-WHXZ-01-2018

消防设施维护保养作业指导书	文件编号：YTXJ-WHXZ-01-2018
消防设施维护保养总则	第 3 版
	发布日期：2018.5.28

1　适用范围

为使建筑消防设施正常运行，确保完整、有效，规范公司建筑消防设施维护保养服务，特制定本维护保养作业指导书。

适用于公司对工业与民用建筑中设置的消防设施维护保养服务；不适用于生产和贮存火药、炸药、火工品等有爆炸危险场所的消防设施维护保养服务。

2　依据标准

GA 503—2004《建筑消防设施检测技术规程》

GB 50045—95（2005 年版）《高层民用建筑设计防火规范》

GB 50016—2014《建筑设计防火规范》

GB 25506—2010《消防控制室通用技术要求》

GB 50974—2014《消防给水及消火栓系统技术规范》

GB 50116—2013《火灾自动报警系统设计规范》

GB 50166—2007《火灾自动报警系统施工及验收规范》

GB 50084—2017《自动喷水灭火系统设计规范》

GB 50261—2017《自动喷水灭火系统施工及验收规范》

GB 50338—2003《固定消防炮灭火系统设计规范》

GB 50219—2014《水喷雾灭火系统设计规范》

GB 50370—2005《气体灭火系统设计规范》

GB 50263—2007《气体灭火系统施工及验收规范》

GB 50193—93《二氧化碳灭火系统设计规范》（2010年版）

GB 50151—2010《泡沫灭火系统设计规范》

GB 50281—2006《泡沫灭火系统施工及验收规范》

GB 50098—2009《人民防空工程设计防火规范》

GB 50067—2014《汽车库、修车库、停车场设计防火规范》

DB 33/1067—2013《建筑工程消防验收规范》

GB 16806—2006《消防联动控制系统》

GB 50229—2006《火力发电厂与变电站设计防火规范》

GB 50074—2014《石油库设计规范》

GB 50160—2008《石油化工企业设计防火规范》

GB 50157—2013《地铁设计规范》

GB 50140—2005《建筑灭火器配置设计规范》

GB 50898—2013《细水雾灭火系统技术规范》

GB 50347—2004《干粉灭火系统设计规范》

GB 50877—2014《防火卷帘、防火门、防火窗施工及验收规范》

GB 50243—2016《通风与空调工程施工质量验收规范》

CECS 263：2009《大空间智能型主动喷水灭火系统技术规程》

GB 50034—2013《建筑照明设计标准》

DB 33/T1031—2006《七氟丙烷气体灭火系统设计、施工及验收规范》

GA 13—2006《悬挂式气体灭火装置》

GB 50009—2012《建筑结构荷载规范》

GB 16669—2010《二氧化碳灭火系统及部件通用技术条件》

GB 25201—2010《建筑消防设施的维护管理》

3　术语和定义

3.1　巡查（exterior inspection）

对建筑消防设施直观属性的检查。

3.2　检测（test）

依照相关标准，对各类建筑消防设施的功能进行测试性的检查。

4　一般规定

（1）公司开展的建筑消防设施维护保养服务，一般包括巡检、维修（含应急响应）、保养、建档等工作，确保建筑消防设施正常运行；委托方有需求时也包括值班。

（2）公司从事消防设施维护保养的从业人员，是指依法取得注册消防工程师资格或者参加浙江省消防专业技术综合考试合格并在本公司执业的专业技术人员，以及按照有关规定取得中级技能等级以上建（构）筑物消防员职业资格证书的一般操作人员。

（3）公司设立技术负责人，对本公司的消防设施维护保养实施质量监督管理，对出具的书面结论文件进行技术审核。技术负责人应当具备一级注册消防工程师资格。

（4）公司承接业务，应当与委托人签订消防设施维修、保养合同，并明确项目负责人，不得转包、分包消防设施维护保养项目。项目负责人应当具备相应的注册消防工程师资格。

（5）公司制作包含消防技术服务机构名称及项目负责人、维修保养日期等信息的标识，在受维护、保养的消防设施所在建筑的醒目位置予以公示，一般由项目负责人将标识张贴在相关的消控室或消防值班室内。

（6）建筑消防设施投入使用后，应处于正常工作状态。建筑消防设施的电源开关、管理阀门，均应处于正常运行位置，并标示开、关状态；对需要保持常开或常闭状态的阀门，应采取铅封、标识等限位措施；对具有信号反馈功能的阀门，其状态信号应反馈到消防控制室；消防设施及其相关设备电气控制柜具有控制方式装潢装置的，其所处控制方式宜反馈至消防控制室。

（7）维保人员不应擅自关停消防设施。值班、巡检、应急响应时发现故障，应及时组织修复。因故障维修等原因需要暂时停用消防系统的，应有确保消防安全的有效措施，并经委托单位消防安全责任人批准，需报消防主管部门的应督促委托单位办理相关手续。

（8）城市消防远程监控系统联网用户，应按规定协议向监控中心发送建筑消防设施运行状态信息和消防安全管理信息。

5　消防设施维护保养前准备

（1）公司与消防设施管理单位（或业主单位）签订委托维保合同后，派出项目负责人勘查现场，对现场系统进行检查；

（2）项目负责人或维护保养人员提取并对照维保对象的竣工图纸、验收报告、维保前的检测（维保）报告等工程技术资料，与委托方代表对被维保消防设施的完好、有效性进行检查，必要时委托有资质的检测公司进行检测。检测结果表明被维保消防设施的完好、有效的，进入正常维保程序；

（3）经双方确认，存在故障（隐患）、损坏的消防设施，必须协商好维修事项或由委托方维修，待故障（隐患）排除和修复损坏后方可完成交接，进入维保程序；故障（隐患）暂不能排除的，双方书面确认有关事项后，也可进入维保程序。

维护保养工作作业具体流程如下。

首先，制订维保计划；

其次，在规定时间内进行正常维保；

再次，填写《建筑消防设施日常检查、保养记录》；

接着，维保单位、委托方存档；如果发现故障（隐患），进入维修服务流程；

最后，维保期满时进行维保总结，编制《建筑消防设施维保年度报告》。

消防设施维护保养作业指导书

文件编号：YTXJ-WHXZ-02-2018

消防设施维护保养作业指导书	文件编号：YTXJ-WHXZ-02-2018
消防设施维护保养巡检	第3版
	发布日期：2018.5.28

1　一般要求

（1）根据现场勘查情况及接收的工程技术资料，项目负责人应制订消防设施维护保养计划，并提交委托方确认。

（2）依据消防设施维护保养合同及计划安排，公司及时派出技术人员维护保养；对系统的情况进行登记存档。

（3）实施建筑消防设施维护保养时，进行相应功能试验并填写《建筑消防设施日常检查、保养记录》。

（4）《建筑消防设施日常检查、保养记录》列入建筑消防设施档案，一份由维保公司留存备查，一份交委托方存档保存。

（5）维保到期或者时间满一年，应对维保情况进行总结，将维保期内《建筑消防设施日常检查、保养记录》《工作联系单》《工作联系说明》《维修记录表》或《消防设施故障报告书》收集归档，并编制《建筑消防设施维保年度报告》。

2 巡检内容及要求

2.1 火灾自动报警系统

含联动的消防应急广播设备、电动防火门、防火卷帘门、消防电梯等。(GB 50166-2007 火灾自动报警系统施工及验收规范)

2.2 使用和维护

每季度应检查和试验火灾自动报警系统的下列功能，并按要求填写相应的记录。

(1) 采用专用检测仪器分期分批试验探测器的动作及确认灯显示。

(2) 试验火灾警报装置的声光显示。

(3) 试验水流指示器、压力开关等报警功能、信号显示。

(4) 对主电源和备用电源进行 1~3 次自动切换试验。

(5) 用自动或手动检查消防控制设备的控制显示功能，具体如下。

①室内消火栓、自动喷水、泡沫、气体、干粉等灭火系统的控制设备；

②抽验电动防火门、防火卷帘门，数量不小于总数的 25%；

③选层试验消防应急广播设备，并试验公共广播强制转入火灾应急广播的功能，抽检数量不小于总数的 25%；

④火灾应急照明与疏散指示标志的控制装置；

⑤送风机、排烟机和自动挡烟垂壁的控制设备。

(6) 检查消防电梯迫降功能。

(7) 应抽取不小于总数 25% 的消防电话和电话插孔在消防控制室进

行对讲通话试验。

每年应检查和试验火灾自动报警系统的下列功能，并按要求填写相应的记录。

（1）应用专用检测仪器对所安装的全部探测器和手动报警装置试验至少 1 次；

（2）自动和手动打开排烟阀，关闭电动防火阀和空调系统；

（3）对全部电动防火门、防火卷帘门的试验至少 1 次；

（4）强制切断非消防电源功能试验；

（5）对其他有关的消防控制装置进行功能试验。

2.2　消防给水及消火栓系统

GB 50974—2014《消防给水及消火栓系统技术规范》。

2.2.1 消防给水水源

（1）每月应对消防水池、高位消防水池、高位消防水箱等消防水源设施的水位等进行一次巡检，同时应采取措施保证消防用水不做他用；消防水池（箱）玻璃水位计两端的角阀在不进行水位观察时应关闭；

（2）每季度应监测市政给水管网的压力和供水能力；

（3）若采用天然河湖等地表水消防水源，每年应对常水位、枯水位、洪水位，以及枯水位流量或蓄水量等进行一次巡检，规范永久性地表水天然水源消防取水口水生生物繁殖的管理技术措施；

（4）若采用水井等地下水消防水源，每年应对常水位、最低水位、最高水位和出水量等进行一次测定。

2.2.2　消防水泵和稳压泵等供水设施

（1）每月应自动、手动启动消防水泵运转一次，并应检查供电电源的情况；

（2）每月应对气压水罐的压力和有效容积等进行一次巡检；

（3）每季度应对消防水泵的出流量和压力进行一次试验。

2.2.3　水泵接合器

每季度应对其接口及附件进行一次检查，并按要求填写相应的记录。

（1）查看水泵接合器周围有无放置构成操作障碍的物品；

（2）查看水泵接合器有无破损、变形、锈蚀及操作障碍，确保接口完好、无渗漏、闷盖齐全；

（3）查看闸阀是否处于开启状态；

（4）查看水泵接合器的标志是否明显。

2.2.4　减压阀

（1）每月应对减压阀组进行一次放水试验，并应检测和记录减压阀前后的压力，当不符合设计值时，应采取满足系统要求的调试和维修等措施；

（2）每年应对减压阀的流量和压力进行一次试验。

2.2.5　管网及阀门

（1）系统上所有的控制阀门均应采用铅封或锁链固定在开启或规定的状态，每月应对铅封、锁链进行一次检查，当有破坏或损坏时应及时修理更换；

（2）每月对电动阀和电磁阀（含雨淋阀的附属电磁阀）的供电和启闭性能进行检测，动作失常时应及时更换；

（3）每季度对室外阀门井中进水管上的控制阀门进行一次检查，并应核实其处于全开启状态。

2.2.6 季度检查

每季度应对消火栓进行一次外观和漏水检查，发现有不正常的消火栓应及时更换。

2.3 自动喷水灭火系统

GB 50261-2017《自动喷水灭火系统施工及验收规范》。

首先，每月应进行下列巡检，并按要求填写相应的记录。

（1）电磁阀应每月检查并做启动试验，动作失常时应及时更换。

（2）系统上所有的控制阀门均应采用铅封或锁链固定在开启或规定的状态。每月应对铅封、锁链进行一次检查，当有破坏或损坏时应及时修理更换。

（3）每月应利用末端试水装置对水流指示器进行试验。

（4）每月应对喷头进行一次外观及备用数量检查，发现有不正常的喷头应及时更换；当喷头上有异物时应及时清除。更换或安装喷头均应使用专用扳手。

其次，每个季度应检查下列组件，并按要求填写相应的记录。

对系统所有的末端试水阀和报警阀旁的放水试验阀进行一次放水试验，检查系统启动、报警功能以及出水情况是否正常。

最后，每年应对水源的供水能力进行一次测定。

2.4　水喷雾灭火系统

（1）消防水池、消防水箱应每月检查一次，消防水泵应每月启动运转一次。

（2）当消防水泵为自动控制启动时，应每月模拟自动控制的条件启动运转一次。

（3）电磁阀应每月检查并应做启动试验，动作失常时应及时更换。

（4）系统上所有的控制阀门均应采用铅封或锁链固定在开启或规定的状态。每月应对铅封、锁链进行一次检查，当有破坏或损坏时应及时修理更换。

（5）每个季度应对系统所有的试水阀和报警阀旁的放水试验阀进行一次放水试验，检查系统启动、报警功能以及出水情况是否正常。

（6）每年应对水源的供水能力进行一次测定，应保证消防用水不做他用。

2.5　细水雾灭火系统

2.5.1　月检的内容和要求

（1）检查系统组件的外观是否碰撞变形及其他机械性损伤；

（2）检查分区控制阀动作是否正常；

（3）检查阀门上的铅封或锁链是否完好，阀门是否处于正确位置；

（4）检查储水箱和储水容器的水位及储气容器内的气体压力是否符合设计要求；

（5）对于闭式系统，利用试水阀对动作信号反馈情况进行试验，观察其是否正常动作和显示；

（6）检查喷头的外观及备用数量是否符合要求；

（7）检查手动操作装置的防护罩、铅封等是否完整无损。

2.5.2　季检的内容和要求

（1）通过试验阀对泵组式系统进行1次放水试验，检查泵组启动、主备泵切换及报警联动功能是否正常；

（2）检查瓶组式系统的控制阀动作是否正常；

（3）检查管道和支、吊架是否松动，管道连接件是否变形、老化或有裂纹等现象。

2.5.3　年检的内容和要求

（1）定期测定1次系统水源的供水能力；

（2）对系统组件、管道及管件进行1次全面检查，清洗储水箱、过滤器，并对控制阀后的管道进行吹扫；

（3）储水箱每半年换水1次，储水容器内的水按产品制造商的要求定期更换；

（4）进行系统模拟联动功能试验。

2.6　气体灭火系统

GB 50263—2007《气体灭火系统施工及验收规范》。

第一，与气体灭火系统配套的火灾自动报警系统的巡检应按"2.1火灾自动报警系统"执行。

第二，每月检查应符合下列要求。

（1）低压二氧化碳灭火系统储存装置的液位计检查，灭火剂损失10%时应及时补充。

（2）高压二氧化碳灭火系统、七氟丙烷管网灭火系统及 IG541 灭火系统等系统的检查内容及要求应符合下列规定：

①灭火剂储存容器及容器阀、单向阀、连接管、集流管、安全泄放装置、选择阀、阀驱动装置、喷嘴、信号反馈装置、检漏装置、减压装置等全部系统组件应无碰撞变形及其他机械性损伤，表面应无锈蚀，保护涂层应完好，铭牌和保护对象标志牌应清晰，手动操作装置的防护罩、铅封和安全标志应完整；

②灭火剂和驱动气体储存容器内的压力，不得小于设计储存压力的 90%；

③预制灭火系统的设备状态和运行状况应正常。

第三，每季度应对气体灭火系统进行 1 次全面检查，并应符合下列规定

（1）可燃物的种类、分布情况，防护区的开口情况，应符合设计规定。

（2）储存装置间的设备、灭火剂输送管道和支、吊架的固定，应无松动。

（3）连接管应无变形、裂纹及老化。必要时，送法定质量检验机构进行检测或更换。

（4）各喷嘴孔口应无堵塞。

（5）对高压二氧化碳储存容器逐个进行称重检查，灭火剂净重不得小于设计储存量的 90%。

（6）灭火剂输送管道有损伤与堵塞现象时，应按规范规定进行严密性试验和吹扫。

第四，每年应按规定对每个防护区进行 1 次模拟启动试验，并应按规定进行 1 次模拟喷气试验。

2.7　泡沫灭火系统

GB 50281—2006《泡沫灭火系统施工及验收规范》。

第一，每周应对消防泵和备用动力进行 1 次启动试验，并按本规范表记录。

第二，每月应对系统进行检查，并按本规范表要求记录，检查内容及要求应符合下列规定。

（1）对低、中、高倍数泡沫产生器，泡沫喷头，固定式泡沫炮，泡沫比例混合器（装置），泡沫液储罐进行外观检查，应完好无损。

（2）对固定式泡沫炮的回转机构、俯仰机构或电动操作机构进行检查，性能应达到标准的要求。

（3）泡沫消火栓和阀门的开启与关闭应自如，不应锈蚀。

（4）压力表、管道过滤器、金属软管、管道及管件不应有损伤。

（5）对遥控功能或自动控制设施及操纵机构进行检查，性能应符合设计要求。

（6）对储罐上的低、中倍数泡沫混合液立管应清除锈渣。

（7）动力源和电气设备工作状况应良好。

（8）水源及水位指示装置应正常。

第三，每半年除储罐上泡沫混合液立管和液下喷射防火堤内泡沫管道及高倍数泡沫产生器进口端控制阀后的管道外，其余管道应全部冲洗，清除锈渣，并应按本规范表记录。

第四，每两年应对系统进行检查和试验，并应按要求记录；检查和试验的内容及要求应符合下列规定。

（1）对于低倍数泡沫灭火系统中的液上、液下及半液下喷射、泡沫喷淋、固定式泡沫炮和中倍数泡沫灭火系统进行喷泡沫试验，并对系统所有组件、设施、管道及管件进行全面检查。

（2）对于高倍数泡沫灭火系统，可在防护区内进行喷泡沫试验，并对系统所有组件、设施、管道及管件进行全面检查。

（3）系统检查和试验完毕，应对泡沫液泵或泡沫混合液泵、泡沫液管道、泡沫混合液管道、泡沫管道、泡沫比例混合器（装置）、泡沫消火栓、管道过滤器或喷过泡沫的泡沫产生装置等用清水冲洗后放空，复原系统。

2.8　干粉灭火系统

2.8.1　月检查内容

（1）干粉储存装置外观，是否固定牢固，标志牌是否清晰等。

（2）灭火控制器运行情况。

（3）启动气体储瓶和驱动气体储瓶压力是否符合设计要求。

（4）检查干粉储存装置部件是否有碰撞或机械性损伤，防护涂层是否完好；铭牌、标志、铅封应完好。

（5）对二氧化碳驱动气体储瓶逐个进行称重检查。

2.8.2 年度检查内容

（1）防护区的疏散通道、疏散指示标志和应急照明装置、防护区内和入口处的声光报警装置、入口处的安全标志及干粉灭火剂喷放指示门灯、无窗或固定窗扇的地上防护区和地下防护区的排气装置和门窗设有密封条的防护区的泄压装置。储存装置间的位置、通道、耐火等级、应急照明装置及地下储存装置间机械排风装置。

（2）管网、支架及喷放组件（集流管、驱动气体管道和减压阀、阀驱动装置、喷头等）

（3）灭火控制器及手动、自动转换开关，手动启动、停止按钮，喷洒指示灯、声光报警装置等联动设备的设置。

2.9　防烟排烟系统

2.9.1　每月检查内容

（1）防烟、排烟风机：手动或自动启动试运转，检查有无锈蚀、螺丝松动。

（2）挡烟垂壁：手动或自动启动、复位试验，有无升降障碍。

（3）排烟窗：手动或自动启动、复位试验，有无开关障碍，每月供电线路检查，供电线路有无老化，双回路自动切换电源功能等。

2.9.2　半年检查内容

（1）防火阀：手动或自动启动、复位试验检查，有无变形、锈蚀及弹簧性能，确认性能可靠。

（2）排烟防火阀：手动或自动启动、复位试验检查，有无变形、锈蚀及弹簧性能，确认性能可靠

（3）送风阀（口）：手动或自动启动、复位试验检查，有无变形、锈蚀及弹簧性能，确认性能可靠。

（4）排烟阀（口）：手动或自动启动、复位试验检查，有无变形、

锈蚀及弹簧性能，确认性能可靠。

2.9.3 每年检查

每年对所安装的全部防烟排烟系统进行1次联动试验和性能检测。

2.10 消防应急照明和疏散指示系统

第一，每月检查消防应急灯具，如果发出故障信号或不能转入应急工作状态，应及时检查电池电压，如果电池电压过低，应及时更换电池；如果光源无法点亮或有其他故障，应及时通知产品制造商的维护人员进行维修或者更换。

第二，每月检查应急照明集中电源和应急照明控制器的状态；如果发现故障声光信号应及时通知产品制造商的维护人员进行维修或者更换。

第三，每季度检查和试验系统的下列功能。

（1）检查消防应急灯具、应急照明集中电源和应急照明控制器的指示状态；

（2）检查应急工作时间；

（3）检查转入应急工作状态的控制功能。

第四，每年检查和试验系统的下列功能。

（1）除每季检查内容外，还应对电池做容量检测试验；

（2）试验应急功能；

（3）试验自动和手动应急功能，进行与火灾自动报警系统的联动试验。

3 巡检周期

一般可分为每月巡检、每季巡检、每半年巡检和每年巡检（含每2

年巡检），根据委托方要求，也可日巡检和周巡检。

4　巡检方法

4.1　一般方法

详见本公司《消防设施检测作业指导书》。

4.2　消防栓系统

第一，地下消火栓的检查保养，其方法主要包括以下内容。

（1）用专用扳手转动消火栓启闭杆，观察其灵活性。必要时加注润滑油。

（2）检查橡胶垫圈等密封件有无损坏、老化或丢失等情况。

（3）检查栓体外表油漆有无脱落，有无锈蚀，如有应及时修补。

（4）入冬前检查消火栓的防冻设施是否完好。

（5）重点部位消火栓，每年应逐一进行 1 次出水试验，出水应满足压力要求，我们在检查中可使用压力表测试管网压力，或者连接水带做射水试验，检查管网压力是否正常。

（6）随时消除消火栓井周围及井内可能积存的杂物。

（7）地下消火栓应有明显标志，要保持室外消火栓配套器材和标志的完整有效。

第二，地上消火栓的检查保养，其方法主要包括以下内容。

（1）用专用扳手转动消火栓启动杆，检查其灵活性，必要时加注润滑油。

（2）检查出水口闷盖是否密封，有无缺损。

（3）检查栓体外表油漆有无剥落，有无锈蚀，如有应及时修补。

（4）每年开春后入冬前对地上消火栓逐一进行出水试验。出水应满足压力要求，我们在检查中可使用压力表测试管网压力，或者连接水带做射水试验，检查管网压力是否正常。

（5）定期检查消火栓前端阀门井。

（6）保持配套器材的完备有效，无遮挡。

第三，室内消火栓的检查保养，其方法主要包括以下内容。

（1）室内消火栓箱内应经常保持清洁、干燥，防止锈蚀、碰伤或其他损坏；

（2）检查消火栓和消防卷盘供水闸阀是否渗漏水，若渗漏水及时更换密封圈；

（3）对消防水枪、水带、消防卷盘及其他进行检查，全部附件应齐全完好，卷盘转动灵活；

（4）检查报警按钮、指示灯及控制线路，应功能正常、无故障；

（5）消火栓箱及箱内装配的部件外观无破损、涂层无脱落，箱门玻璃完好无缺；

（6）对消火栓、供水阀门及消防卷盘等所有转动部位应定期加注润滑油。

4.3　自动喷水灭火系统

4.3.1　报警阀组件共性要求巡检

（1）查看外观标识和压力表状况，查看并记录、核对其压力值。

（2）检查系统控制阀，查看锁具或者信号阀及其反馈信号；检查报警阀组报警管路、测试管路，查看其控制阀门、放水阀等启闭状态。

（3）打开报警阀组测试管路放水阀，查看压力开关、水力警铃等动作、反馈信号情况。

4.3.2　湿式报警阀组

（1）开启系统（区域）末端试水装置前，查看并记录压力表读数；开启末端试水装置，待压力表指针晃动平稳后，查看并记录压力表变化情况。

（2）查看消防控制设备显示的水流指示器、压力开关和消防水泵的动作情况以及信号反馈情况。

（3）从末端试水装置开启时计时，测量消防水泵投入运行的时间。

（4）在距离水力警铃 3m 处，采用声级计测量水力警铃声强值。

（5）关闭末端试水装置，系统复位，恢复到工作状态。

4.3.3　干式报警阀组

（1）缓慢开启气压控制装置试验阀，小流量排气；空气压缩机启动后，关闭试验阀，查看空气压缩机运行情况、核对其启、停压力。

（2）开启末端试水装置控制阀，同上查看并记录压力表变化情况。

（3）查看消防控制设备、排气阀等，检查水流指示器、压力开关、消防水泵、排气阀入口的电动阀等动作及其信号反馈情况，以及排气阀的排气情况。

（4）从末端试水装置开启时计时，测量末端试水装置水压力达到 0.05 MPa 的时间。

（5）按照湿式报警阀组的要求测量水力警铃声强值。

（6）关闭末端试水装置，系统复位，恢复到工作状态。

4.3.4　预作用装置

（1）按照干式报警阀组的检测操作步骤，测试预作用装置的空气压缩机和气压控制装置工作情况。

（2）关闭预作用装置入口的控制阀，消防控制设备输出电磁阀控制信号，查看电磁阀动作情况，核查反馈信号的准确性。

（3）按照设计联动逻辑，在同一防护区内模拟两类不同的火灾探测报警信号，查看火灾报警控制器火灾报警、确认以及联动指令发出情况，逐一检查预作用装置（雨淋报警阀）、电磁阀、电动阀、水流指示器、压力开关和消防水泵的动作情况，以及排气阀的排气情况。

（4）按照湿式报警阀组的要求测量水力警铃声强值。

（5）打开末端试水装置，待火灾控制器确认火灾 2min 后，读取并记录其压力表数值。

（6）检查火灾报警控制器，对应现场各个组件启动情况，核对其反馈信号以及联动控制逻辑关系。

（7）关闭末端试水装置，系统复位，恢复到工作状态。

4.3.5　雨淋报警阀组

（1）对于传动管控制的雨淋报警阀组，查看并读取其传动管压力表数值，核对传动管压力设定值；对于气压传动管，按照干式系统的检测操作步骤对其供气装置和气压控制装置进行检测。

（2）分别对现场控制设备和消防控制室的消防控制设备进行检查，查看雨淋报警阀组的控制方式。

（3）对于传动管控制的雨淋报警阀组，试验前关闭报警阀系统侧的控制阀，对传动管进行泄压操作，逐一查看报警阀、电磁阀、压力开关和消防水泵等动作情况。

（4）对于火灾探测器控制的雨淋报警阀组，试验前关闭报警阀系统侧的控制阀，在同一防护区内模拟两类不同的火灾探测报警信号，查看火灾报警控制器火灾报警、确认以及联动指令发出情况，逐一检查报警阀、电磁阀、压力开关和消防水泵等动作情况。

（5）并联设置多台雨淋报警阀时，按照"③"或者"④"的步骤，在不同防护区域进行测试，观察各个防护区域对应的雨淋报警阀组及其组件的动作情况。

（6）按照湿式报警阀组的要求测量水力警铃声强值。

（7）查看火灾报警控制器，核查现场对应各个组件的启动情况，核对其反馈信号以及联动控制逻辑关系。

（8）手动操作控制的水幕系统，关闭水源控制阀，反复操作现场手动启、闭其系统控制阀。

（9）系统复位，恢复到工作状态。

4.3.6　水流指示器

（1）现场检查水流指示器外观。

（2）开启末端试水装置、楼层试水阀，查看消防控制设备显示的水流指示器动作信号。

（3）关闭末端试水装置、楼层试水阀，查看消防控制设备显示的水流指示器复位信号。

4.3.7　末端试水装置

（1）现场查看末端试水装置的阀门、压力表、试水接头及排水管等外观。

（2）关闭末端试水装置，读取并记录其压力表数值。

（3）开启末端试水装置的控制阀，待压力表指针晃动平稳后，读取并记录压力表数值。

（4）水泵自动启动 5min 后，读取并记录压力表数值，观察其变化情况。

（5）关闭末端试水装置，系统复位，恢复到工作状态。

4.4　气体灭火系统模拟启动试验方法

4.4.1　手动模拟启动试验

可按下述方法进行。

按下手动启动按钮，观察相关动作信号及联动设备动作是否正常（如发出声、光报警，启动输出端的负载响应，关闭通风空调、防火阀等）。人工使压力信号反馈装置动作，观察相关防护区门外的气体喷放指示灯是否正常。

4.4.2　自动模拟启动试验

可按下述方法进行。

（1）将灭火控制器的启动输出端与灭火系统相应防护区驱动装置连接。驱动装置应与阀门的动作机构脱离。也可以用 1 个启动电压、电流与驱动装置的启动电压、电流相同的负载。

（2）人工模拟火警使防护区内任意 1 个火灾探测器动作，观察单一火警信号输出后，相关报警设备动作是否正常（如警铃、蜂鸣器发出报警声等）。

（3）人工模拟火警使该防护区内另一个火灾探测器动作，观察复合火警信号输出后，相关动作信号及联动设备动作是否正常（如发出声、光报警，启动输出端的负载响应，关闭通风空调、防火阀等）。

4.4.3　模拟启动试验

结果应符合下列规定：

（1）延迟时间与设定时间相符，响应时间满足要求；

（2）有关声、光报警信号正确；

（3）联动设备动作正确；

（4）驱动装置动作可靠；

（5）组合分配系统应不少于1个防护区或保护对象，柜式气体灭火装置、热气溶胶灭火装置等预制灭火系统应各取1套。

4.5　气体灭火系统模拟喷气试验方法

4.5.1　模拟喷气试验的条件

应符合下列规定。

（1）IG541混合气体灭火系统及高压二氧化碳灭火系统应采用其充装的灭火剂进行模拟喷气试验。试验采用的储存容器数应为选定试验的防护区或保护对象设计用量所需容器总数的5%，且不得少于1个。

（2）低压二氧化碳应采用二氧化碳灭火剂进行模拟喷气试验。试验应选定输送管道最长的防护区或保护对象进行，喷放量应不小于设计用量的10%。

（3）卤代烷灭火系统模拟喷气试验不应采用卤代烷灭火剂，宜采用氮气进行。氮气或压缩空气储存容器与被试验的防护区或保护对象用的灭火剂储存容器的结构、型号、规格应相同，连接与控制方式应一致，氮气或压缩空气的充装压力按设计要求执行。氮气或压缩空气储存容器数不应少于灭火剂储存容器数的 20%，且不得少于一个。

（4）模拟喷气试验宜采用自动启动方式。

4.5.2 模拟喷气试验结果

应符合下列规定。

（1）延迟时间与设定时间相符，响应时间满足要求。

（2）有关声、光报警信号正确。

（3）有关控制阀门工作正常。

（4）信号反馈装置动作后，气体防护区门外的气体喷放指示灯应工作正常。

（5）储存容器间内的设备和对应防护区或保护对象的灭火剂输送管道无明显晃动和机械性损坏。

（6）试验气体能喷入被试防护区内或保护对象上，且应能从每个喷嘴喷出。

4.6 低、中倍数泡沫灭火系统喷泡沫试验

4.6.1 试验要求

当泡沫灭火系统为自动灭火系统时，以自动控制的方式进行试验；喷射泡沫的时间不小于 1min；实测泡沫混合液的混合比和泡沫混合液的发泡倍数及到达最不利点防护区或储罐的时间和湿式联用系统水与泡沫

的转换时间符合设计要求。

4.6.2　试验方法

蛋白、氟蛋白等折射指数高的泡沫液的混合比可用手持折射仪测量，水成膜、抗溶水成膜等折射指数低的泡沫液的混合比可用手持导电度测量仪测量；泡沫混合液的发泡倍数按现行国家标准《泡沫灭火剂》GB 15308—2006 规定的方法测量；喷射泡沫的时间和泡沫混合液或泡沫到达最不利点防护区或储罐的时间及湿式系统自喷水至喷泡沫的转换时间，用秒表测量。

4.7　高倍数泡沫灭火系统喷泡沫试验

4.7.1　试验要求

要以手动或自动控制的方式对防护区进行喷泡沫试验，喷射泡沫的时间不小于 30 s，实测泡沫混合液的混合比和泡沫供给速率及自接到火灾模拟信号至开始喷泡沫的时间要符合设计要求。

4.7.2　试验方法

蛋白、氟蛋白等折射指数高的泡沫液的混合比可用手持折射仪测量，水成膜、抗溶水成膜等折射指数低的泡沫液的混合比可用手持导电度测量仪测量；泡沫供给速率检查时，要记录各高倍数泡沫产生器进口端压力表读数，用秒表测量喷射泡沫的时间，然后按制造厂给出的曲线查出对应的发泡量，经计算得出的泡沫供给速率，供给速率不能小于设计要求的最小供给速率；喷射泡沫的时间和自接到火灾模拟信号至开始喷泡沫的时间，用秒表测量。试验时，任选一个防护区或储罐，进行 1 次试验即可。

4.8　干粉灭火系统功能性检测

4.8.1　检测内容及要求

（1）模拟干粉喷放功能检测。

（2）模拟自动启动功能检测。

（3）模拟手动启动/紧急停止功能检测。

（4）备用瓶组切换功能检测。

4.8.2　检测步骤

（1）选择试验所需的干粉储存容器，并与驱动装置完全连接。

（2）拆除驱动装置的动作机构，接以启动电压相同、电流相同的负载。模拟火警，使防护区内1只探测动作，观察相关设备的动作是否正常（如声、光警报装置）；模拟火警，使防护区内另1只探测动作，观察复合火警信号输出后相关设备的动作是否正常（如声、光警报装置，非消防电源切断，停止排风，关闭通风空调、防火阀，关闭防护区内除泄压口以外的开口等）；人工使压力信号器动作，观察放气指示灯是否点亮。

（3）拆除驱动装置的动作机构，接以启动电压相同、电流相同的负载，按下手动启动按钮，观察有关设备动作是否正常（如声、光警报装置，非消防电源切断，停止排风，关闭通风空调、防火阀，关闭防护区内除泄压口以外的开口等）；人工使压力信号器动作，观察放气指示灯是否点亮。

重复自动模拟启动试验，在启动喷射延时阶段按下手动紧急停止按钮，观察自动灭火启动信号是否被中止。

（4）按说明书的操作方法，将系统使用状态从主用量灭火剂储存容器切换至备用量灭火剂储存容器的使用状态。

4.9　防火门

（1）现场查看外观、关闭效果。

（2）关闭后，分别从内外两侧开启。

（3）开启常闭防火门，查看自动关闭效果，双扇、多扇门的应查看自动关闭顺序。

（4）自动控制方式下，分别触发两个相关的火灾探测器或触发手动报警按钮后，查看相应区域电动常开防火门的关闭效果及反馈信号。

（5）自动控制方式下，分别触发两个相关的火灾探测器或触发手动报警按钮后，查看人员密集场所疏散用门或设门禁系统的居住建筑外门打开方法。

4.10　防火卷帘

（1）现场机械操作及触发手动控制按钮启动防火卷帘查看运行状况及反馈信号。

（2）消防控制室手动输出遥控信号启动防火卷帘查看运行状况及反馈信号。

（3）自动控制方式下，分别触发两个相关的火灾探测器或触发手动报警按钮后，查看防火卷帘运行状况及反馈信号。

消防设施维护保养作业指导书

文件编号：YTXJ-WHXZ-03-2018

消防设施维护保养作业指导书	文件编号：YTXJ-WHXZ-03-2018
消防设施维护保养	第 3 版
	发布日期：2018.5.28

1　一般规定

（1）应根据建筑规模、消防设施使用周期等，制订消防设施保养计划，载明消防设施的名称、保养内容和周期。

（2）凡依法需要计量检定的建筑消防设施所用称重、测压、测流量等计量仪器仪表以及泄压阀、安全阀等，应按有关规定进行定期校验并提供有效证明文件。

（3）单位储备一定数量的消防设施易损件或者与有关消防产品厂家、供应商签订相关合同，以保证维修保养供应。不同类型的探测器应有10%但不少于50只的备品。

（4）消防设施维护保养时，维护保养单位相关技术人员填写《建筑消防设施维护保养记录表》，并进行相应功能试验。

2　保养内容

（1）对易污染、易腐蚀生锈的消防设备、管道、阀门应定期清洁、除锈、注润滑剂。

（2）点型感烟火灾探测器投入运行 2 年后，应每隔 3 年全部清洗一遍；通过采样管采样的吸气式感烟火灾探测器根据使用环境的不同，需要对采样管道进行定期吹洗，最长的时间间隔不应超过一年；探测器的清洗应由有相关资质的机构根据产品生产企业的要求进行。探测器清洗后应做响应阈值及其他必要的功能试验，合格者方可继续使用。不合格探测器严禁重新安装使用，并应将该不合格品返回产品生产企业集中处理，严禁将离子感烟火灾探测器随意丢弃。可燃气体探测器的气敏元件超过生产企业规定的寿命年限后应及时更换，气敏元件的更换应由有相关资质的机构根据产品生产企业的要求进行。

（3）火灾探测器、可燃气体探测器的标定应由生产企业或具备资质的检测机构承担。承担标定的单位应出具标定记录。

（4）气体灭火系统 5 年后的维护保养工作（由专业维修人员进行）

①5 年后，每 3 年应对金属软管（连接管）进行水压强度试验和气密性试验，性能合格方能继续使用，如发现老化现象，应进行更换；

②5 年后，对释放过灭火剂的储瓶、相关阀门等部件进行 1 次水压强度和气体密封性试验，试验合格方可继续使用。

（5）储存灭火剂和驱动气体的压力容器应按有关气瓶安全监察规程的要求定期进行试验、标识。

（6）泡沫、干粉等灭火剂应按产品说明书委托有资质单位进行包括灭火性能在内的测试。

（7）以蓄电池作为后备电源的消防设备，应按照产品说明书的要求定期对蓄电池进行维护。

（8）其他类型的消防设备应按照产品说明书的要求定期进行维护保养。

（9）对于使用周期超过产品说明书标识寿命的易损件、消防设备，经检查测试已不能正常使用的灭火探测器、压力容器、灭火剂等产品设备应及时更换。

仪器设备操作规程
作业指导书
（第 3 版）

2018 年 5 月 28 日发布   2018 年 5 月 28 日实施

仪器设备操作规程作业指导书检测细则	文件编号：LSJC-GC-00-2018
目录	第 3 版
	发布日期：2018.5.28

序号	文件编号	文件名称	编制人	批准人
1	LSJC-GC-1-2018	感烟探测器功能试验器操作规程		
2	LSJC-GC-2-2018	感温探测器功能试验器操作规程		
3	LSJC-GC-3-2018	消火栓测压装置操作规程		
4	LSJC-GC-4-2018	末端试水装置操作规程		
5	LSJC-GC-5-2018	电子秒表操作规程		
6	LSJC-GC-6-2018	数字风速计操作规程		
7	LSJC-GC-7-2018	温湿度表操作规程		
8	LSJC-GC-8-2018	磁力线坠操作规程		

仪器设备操作规程作业指导书检测细则
文件编号：LSJC-GC-1-2018

仪器设备操作规程作业指导书检测细则	文件编号：LSJC-GC-1-2018
感烟探测器功能试验器操作规程	第 3 版
	发布日期：2018.5.28

1 功能

检测感烟探测器工作状况。

2 原理

采用先进的雾香液电子雾化发烟技术产生的烟雾，模拟感烟探测器工作与报警。

3 感烟探测器功能试验器操作方法

（1）检查电量是否充足。

（2）吸取雾香液：将弹簧瓶压扁插入雾香液瓶内，然后松开手，用弹簧瓶的自然弹力吸取液体。

（3）拆卸注入液口密封螺丝：用配备的六角扳手插入密封螺丝内，按逆时针方向旋转，取出密封螺丝。

（4）注入雾香液：将弹簧瓶针头插入枪头底部的注液口内，慢慢按压弹簧瓶并观察是否溢出，加满后再用六角扳手按顺时针方向将密封螺丝拧紧。

（5）将总开关向充电口方向拨动到开的位置。

（6）将枪头下端内丝与伸缩杆上端的外丝对接拧紧。

（7）调节拉伸杆长度，将烟嘴在垂直45度范围内对准待检感烟探测器进烟口，烟自动送至探测器周围，30秒以内感烟探测器确认灯亮，火灾报警控制器收到报警信号，表示感烟探测器工作正常。

（8）测试完毕后，将总开关向烟嘴方向拨动到关的位置，将感烟探测器功能试验器擦拭干净并放入仪器箱。

仪器设备操作规程作业指导书检测细则
文件编号：LSJC-GC-2-2018

仪器设备操作规程作业指导书检测细则	文件编号：LSJC-GC-2-2018
感温探测器功能试验器操作规程	第3版
	发布日期：2018.5.28

1　功能

检测感温探测器工作状况。

2　原理

点燃的可燃液体产生温度，模拟感温探测器工作与报警。

3　感温探测器功能试验器操作方法

（1）使用前，先查看可燃液体容量是否充足。

（2）打开可燃液体开关，调节可燃液体流量开关至适当位置，点燃可燃液体。

（3）把感温探测器功能试验器安装在连接杆上。

（4）对准感温探测器正下方进行测试。

（5）30秒以内感温探测器确认灯亮，火灾报警控制器收到报警信号，表示感温探测器工作正常，将感温探测器功能试验器移开感温探测器。

（6）测试完毕后，熄灭点燃的可燃液体，关闭可燃液体流量开关，将感温探测器功能试验器擦拭干净并放入仪器箱。

仪器设备操作规程作业指导书检测细则

文件编号：LSJC-GC-3-2018

仪器设备操作规程作业指导书检测细则	文件编号：LSJC-GC-3-2018
消火栓测压装置操作规程	第 3 版
	发布日期：2018.5.28

1 消火栓测压装置操作方法

1.1 消火栓栓口静水压力的测量

（1）安装好压力表，并调整压力表检测位置使之竖直向上，以便观察。

（2）在消火栓测压装置出口处装上端盖。

（3）将消火栓测压装置连接到消火栓栓口上。

（4）缓慢打开消火栓阀门，压力表显示的值即为消火栓栓口的静水压力。

（5）测试完成后，关闭消火栓阀门，旋松压力表，使消火栓测压装置内的水压泄掉，再取下端盖。

1.2 消火栓栓口出水压力的测量

（1）将水带连接到消火栓栓口，将水带接到消火栓装置测压装置的进口。

（2）打开消火栓阀门，启动消火栓泵，此时不应压折水带，压力表显示的水压即为消火栓栓口的出水压力。

（3）测试完毕后，将消火栓测压装置内的水擦净，放入仪器箱。

2　注意事项

（1）测量时，特别是在测量消火栓栓口静水压力时，开启阀门应缓慢，避免压力冲击造成消火栓测压装置损坏。

（2）静水压力测量完成后，拆下端盖，缓慢旋下端盖泄压。

（3）测量消火栓栓口出水压力时，应注意水带不应有弯折。

仪器设备操作规程作业指导书检测细则

文件编号：LSJC-GC-4-2018

仪器设备操作规程作业指导书检测细则	文件编号：LSJC-GC-4-2018
末端试水装置操作规程	第3版
	发布日期：2018.5.28

1　末端试水装置操作方法

（1）检查压力表是否完好。

（2）在末端试水装置上接上压力表，要求压力表可围绕管道轴线自由转动，以便检测时观察压力表的显示值。

（3）将末端试水装置与自动喷水灭火系统管道末端试水连接管连接。

（4）将末端试水装置末端螺母卸下，开启自动喷水灭火系统管道末端试水连接管试验阀门，启动喷淋泵，即可进行检测。

（5）测试时末端试水装置排出的水应接入下水管或容器中。

（6）读取压力表上的数字，该值即为自动喷水灭火系统管道的末端出水压力。

（7）测试完毕后，将末端试水装置内的水擦净，放入仪器箱。

仪器设备操作规程作业指导书检测细则
文件编号：LSJC-GC-5-2018

仪器设备操作规程作业指导书检测细则	文件编号：LSJC-GC-5-2018
电子秒表操作规程	第 3 版
	发布日期：2018.5.28

1　电子秒表操作方法

（1）使用前先调"零"，将 S_2 置于秒表功能状态。

（2）按 S_1 秒表开始计时。

（3）再按 S_1 停止并读数。

（4）按 S_3，复"零"。

（5）测试完毕后，将电子秒表放入仪器箱。

2　注意事项

（1）按 S_1 起动、停止。

（2）按 S_2 功能转换。

（3）按 S_3 分段、设置、复零。

仪器设备操作规程作业指导书检测细则
文件编号：LSJC-GC-6-2018

仪器设备操作规程作业指导书检测细则	文件编号：LSJC-GC-6-2018
数字风速计操作规程	第 3 版
	发布日期：2018. 5. 28

1　数字风速计操作方法

（1）将电池正确装入电池仓，当电池电压低于 5V 时，显示器上出现电池符号，应更换电池。

（2）选择风速功能。

（3）选择风速单位，显示器上显示出所选择的风速单位。

（4）把叶轮放到气流中，让标有黄色标记的一端面对气流。

（5）风速值会显示在显示器上，读数并记录。

（6）测试完毕后，将数字风速计放入仪器箱。

仪器设备操作规程作业指导书检测细则

文件编号：LSJC-GC-7-2018

仪器设备操作规程作业指导书检测细则	文件编号：LSJC-GC-7-2018
温湿度表操作规程	第 3 版
	发布日期：2018.5.28

1　温湿度表操作方法

（1）使用前，先查看温湿度表功能是否正常。

（2）将温湿度表放置在被测点。

（3）温湿度表放置在被测点 15 分钟后，即可读数。

（4）检测结束后将温湿度表擦拭干净，放入仪器箱。

2　注意事项

（1）温湿度表不应在太阳光直接照射下使用，并避免雨水淋刷。

（2）温湿度表不适合在含有腐蚀性气体及含油气体的环境中使用。